商務・管理領域也適用！

孫子兵法

看看就好
筆記

監修
長尾一洋
Kazuhiro Nagao

2500年前成書的孫子兵法 在21世紀也依然一體適用嗎？

《孫子兵法》是距今約兩千五百年前，由生活在中國春秋時代的齊國、而後出仕吳王的孫武所著，堪稱是歷史最悠久、戰術最有效的兵書。

這本兩千五百年前完成的古代經典，對身處二十一世紀的人們會有幫助嗎？相信有不少讀者不禁納悶，如今又不是處於戰爭狀態，針對非常時期制定的兵法能在日常生活中派上用場嗎？

然而，無論古今中外，不管時代如何變遷，《孫子兵法》仍有許多專家學者研究閱讀至今，也贏得廣泛好評。可見這部充滿智慧的經典古籍非但具有參考價值，更適用於二十一世紀。

《孫子兵法》是一部兵書，除了戰場之外，在商業領域也能有效運用。據說微軟的創辦人比爾・蓋茲、被譽為經營之神的松下幸之助、軟體銀行的孫正義等著名企業家，都深受孫子兵法的影響。

可是，應該有不少人會對閱讀艱深難懂的文言文感到苦惱吧？本書是萃取孫子兵法的精華，透過圖解說明，帶領讀者學習有助於適應現代商業環境的智慧和思考方式。

先從「圖解」的角度，初步切入了解孫子兵法；如果各位從中有所體悟，有興趣更進一步了解的話，再試著「閱讀」原文。覺得孫子兵法看似很難，避之唯恐不及的人，不妨先從本書開始看起。

筆者從事企管顧問工作，資歷長達三十年以上，不僅站在商務最前線，同時也鑽研如何將孫子兵法應用於現代的企業經營，即便稱在下是一位「孫子兵法家」也不為過。縱使孫子兵法有極大的價值，但光將描述西元前戰爭的孫子兵法翻譯成現代白話文版，仍然很難實際運用於商務領域當中。我們不妨將孫子（也是孫武的尊稱）想成是現代的企管顧問，試著思考他會採取什麼樣的應對方式。

單純解說古代經典並非本書的目的，欣賞孫子的原文解釋和應用才是本書的重點。

長尾一洋

商務‧管理領域也適用！

孫子兵法
看看就好**筆記**

Contents

Chapter 3

立於不敗的
戰鬥原則

Chapter 4

建立沒有弱點的
組織 🚶🚶🚶

Chapter 7
掌握
關鍵情報，
左右戰局

chapter 0

為什麼「孫子兵法」如此有名？

中國古代的著名武將——孫武，著有《孫子》一書，內容以介紹「應付戰爭的專業知識」為主，這就是《孫子兵法》的起源。

孫武為西元前五世紀的人物，堪稱是吳國棟梁的著名軍師。中國當時正值春秋時代，許多大大小小的國家割據一方，國與國之間不斷發生戰爭。

這個時期的戰爭並沒有什麼特殊的戰略，運氣幾乎是決定勝敗的主要因素。和近代以國家為單位的戰鬥方式相比，當時的戰爭反而著重於士兵個人的勇猛表現上。

然而，一旦戰場範圍擴大、戰爭期間拉長、士兵人數增加時，就必須在深思熟慮下判斷作戰方向。

孫武借鑑過去的歷史教訓，整理出「戰爭中哪些人事物會影響勝敗」的法則，並將這些原則撰寫成冊，最後完成《孫子》這部大作。

自此之後，閱讀《孫子》的人不再一廂情願地仰賴運氣作戰，人們開始按照《孫子兵法》所闡述的道理，制定戰略展開作戰計畫。

《孫子》就是在這樣的歷史背景下完成，由於書中充滿各種有用的謀略和專業知識，後人便視其為最古老、最強大的兵書。

作者孫武
是何許人也？

　　《孫子》的作者孫武為齊國人，他年輕時熟讀典籍，研究過去的戰爭，從中學習兵法。後來因為孫氏家族內部紛爭，便移往吳國定居。

　　孫武在吳國遇見同樣因戰亂而逃至此地的伍子胥，伍子胥原為楚國的重臣，因父親和兄長遭到楚王殺害，整個家族受到迫害，因此投奔吳國。孫武的才能受到伍子胥的認可，《孫子》一書就是在此時撰寫。

　　吳國公子闔閭登基成為吳王後，伍子胥受到闔閭重用，他不僅獻上《孫子》一書，也推薦由孫武擔任軍師，統領大軍。闔閭雖然一開始並沒有答應，但在伍子胥多次推薦下，後來親自登門拜訪孫武，並對他的才能大為賞識。孫武在成為吳國的將軍後，大刀闊斧改革軍隊紀律，強化軍隊的實力。

　　公元前506年，吳楚兩國終於爆發戰爭。孫武利用佯攻作戰，成功打敗兵力數倍於吳國的楚國，孫武也經此一戰名震天下。然而，闔閭雖然拔擢孫武出任大將，卻不聽從孫武的勸說，強行和越國作戰，最終負傷而亡。孫武和伍子胥後來輔佐闔閭之子夫差，成功壓制吳國周邊國家，成為一方之霸。

　　孫武雖然以軍師和武將的身分活躍於戰役當中，之後卻不知所終。有一說認為他遭人構陷而去職，從此過著隱居撰寫兵書的生活，但實際情況不得而知。

古老的孫子兵法
為什麼在現代依然適用？

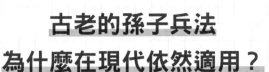

　　相傳撰寫《孫子》的孫武，是西元前五世紀的人物，這代表《孫子兵法》的成書年代距今約有兩千五百年；同一時期的日本，仍處於史前的繩紋時代。這部歷史悠久的兵書，至今依然博得許多人的喜愛和支持，個中緣由究竟為何？

　　其一，是因為《孫子兵法》提出了可因應各種問題的原理和原則。在《孫子》的年代，沒有現代人使用的技術，更遑論資訊科技，就連社會制度也存在極大的差異，唯一不變的只有人性。

　　了解《孫子兵法》，我們可以學到人與人之間在競爭過程中所運用的原理和原則。無論在哪個時代，人類的本質都不會改變，因此不管技術如何進步、社會如何變化，《孫子兵法》的原則都能一體適用。

　　學習《孫子兵法》時，心中秉持這樣的想法，就能解決人生遇到的許多難題。這也是為什麼《孫子》無論在現代中國還是日本、甚至歐美國家，都廣受好評的原因。

　　如果想將《孫子兵法》實際應用在我們遇到的難題上，就必須把《孫子》書中想表達的意思，轉換為供自己吸收的理論。

　　換言之，我們要將中國古代的兵法，轉換為現代也能使用的技巧。從這個角度來看，本書應該能為各位讀者帶來相當大的幫助。

孫子兵法也是
商務人士的最強戰略天書

　　《孫子兵法》雖然誕生於古代中國，但不只中國，全球各地也興起一股孫子風潮。

　　最初是由在中國布教的基督教傳教士引進西方，使得歐洲國家也能閱讀到部分翻譯內容；到了二十世紀，《孫子》全書翻譯成英文。至於日本，由於在文化上受到中國極大的影響，比歐洲更早接觸到《孫子》的內容。相傳在西元716年，吉備真備以遣唐使的身分前往中國，《孫子》的謄本就是在此時帶回日本。

　　基於上述的來龍去脈，《孫子》的影響也就擴及中國以外的國家，甚至在日本和歐洲也都出現《孫子兵法》的信奉者，這些信徒當中也不乏商務人士。

　　其中，微軟的創辦人比爾蓋茲、軟銀集團創辦人孫正義，都曾公開說過將《孫子》應用於自家企業的經營上。除此之外，日本電氣（NEC）的前董事長關本忠弘先生、住友生命保險的前董事長上山保彥先生、朝日啤酒的名譽顧問中條高德先生等人，也都坦言自己受到《孫子》極大的影響。

　　既然商業領域的成功人士都願意背書，可見《孫子》在商務領域也能一體適用，這一點就足以證明它是最強的兵法教科書。

chapter 1

為了不輸的萬全準備

預習學校課業非常重要，
事前準備也是工作不可或缺的一環，
更遑論必須賭上生命的戰爭了。
孫子云：「用兵之法，無恃其不來，恃吾有以待之。」

不敗的準備

01

身處現代，
「戰爭」依然層出不窮

一提起戰爭，想必有不少人都覺得似乎很殘酷吧？話雖如此，戰爭在我們身邊卻隨處可見，這裡將介紹日常生活中有哪些戰爭。

　　現代人雖然不必像孫子一樣指揮作戰，然而在日常生活中，我們卻必須為了生存而努力，例如考試、戀愛、工作等等。我們必須投入時間、勞力、資金在需要努力的事物上，這點和戰爭如出一轍。生活就是不斷的戰鬥，想要獲得好的結果，就勢必得在競爭中脫穎而出，而孫子兵法就有許多帶領我們走向勝利的提示。

努力在社會求生存

　　尤其在商務領域，更需要不斷接受挑戰，比方和同事間的升遷競爭、比其他同業獲得更多利潤，這些都是商務人士追求的目標。在這些作戰中，孫子重視的是先立於「不敗」之地，而非獲勝方法。事前不斷深思熟慮，思考作戰是否有勝算、該如何取勝等內容，徹底做好獲勝準備。如此一來就不必仰賴運氣，讓自己得以立於不敗之地。

商業是持續不斷的戰爭

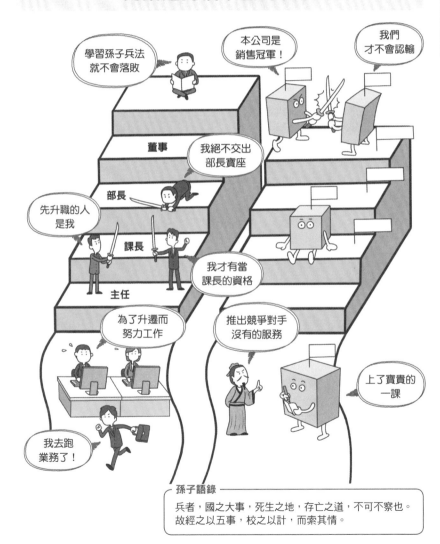

學習孫子兵法就不會落敗

本公司是銷售冠軍！

我們才不會認輸

董事

我絕不交出部長寶座

部長

先升職的人是我

課長

我才有當課長的資格

主任

為了升遷而努力工作

推出競爭對手沒有的服務

上了寶貴的一課

我去跑業務了！

孫子語錄

兵者，國之大事，死生之地，存亡之道，不可不察也。
故經之以五事，校之以計，而索其情。

15

不敗的準備

02

掌握五個條件，做好戰前的勝利診斷

為了取得勝果，自然得做好作戰準備。但是在職場實務上，我們必須做好哪些準備呢？

孫子以「道、天、地、將、法」作為判斷戰爭勝負的標準。所謂的「道」，是指發起戰爭的大義名分，套用在現代的職場環境裡，這就像是用來激勵自己和下屬的口號。「天」代表時代趨勢，比方近年來不動產業界流行透過AI來打造智慧住宅設備。如果想在商業競爭中脫穎而出，就要掌握時代潮流，制定因應對策。

作戰前的診斷Check

道

天

是否能夠勝過對手企業

大家要以達成口號為目標

在街頭調查現在正流行哪些事物

加油！

取勝的診斷Check

經理人

公司上下一心 其利斷金

把流行元素導入商業活動中

孫子語錄
一曰道，二曰天，三曰地，四曰將，五曰法。

　　「地」是指山岳、河川這類地形，也就是將「作戰場所」納入考量的意思；以商業的角度來看，其實就是指競爭環境，可以想成是自己所處的位置，或是可發揮能力的領域。「將」是指領導能力，就算手邊無兵可用，也可以把自己視為拉拔自己的主管，徹底貫徹一己的信念。最後的「法」是代表規矩，每天都要訂立課題，致力於提升良好習慣。

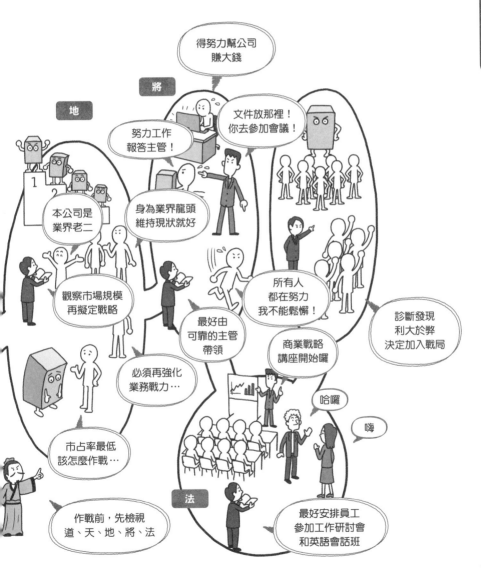

不敗的準備

03 找出沒有敵人的位置，創造優勢

無論是哪一種形式的競爭，競爭對手愈多，生存條件就愈發嚴苛。
我們究竟該採取什麼樣的作戰方式呢？

　　未來打算創業的年輕人，不妨參考孫子所說的這句話：「未戰而廟算勝者，得算多也；未戰而廟算不勝者，得算少也。」就商業活動的角度來看，市場規模愈大，一定會有強大的競爭對手企業。如果想投入餐飲業，開設一家價格實惠的餐廳，勢必就得和速食店、迴轉壽司店、拉麵店這類價格不相上下的連鎖店競爭。

調查市場上的競爭對手

孫子主張：「行千里而不勞者，行於無人之地也。」這句話的意思是：部隊行軍千里而不會疲憊，是因為充分利用敵軍抵抗較為薄弱的路徑，也就是走在敵軍沒有配置兵力的道路上。攻打敵人防守穩固之處，只會平白增添我方的損傷，只要沒有敵人，就能有效避免無謂的戰鬥；換句話說，推出沒有其他企業提供的服務或行銷手法，才是勝利的不二法則。

新服務即勝利的法門

孫子語錄

行千里而不勞者，行於無人之地也。

不敗的準備

04

為了不輸，
有時也需要挑戰風險

孫子雖然主張不敗的戰略，可是卻也建議在有風險的情況下作戰。
這看似矛盾的說法又代表什麼意思呢？

孫子曾對負責某項作戰的將軍建議：「有時有必要將部下逼到退無可退的境地。」以現代職場倫理的角度來看，這樣的說法或許會立刻被批評為「職場霸凌」吧？主管當然不能對下屬做出太過分的事，這裡孫子只是想表達：人類在承擔壓力時會拼命工作，能發揮出潛藏在自己體內的未知力量。換言之，適當給予壓力，便能引發類似火場爆發力的效果。

推動下屬發揮極限

最近下屬的表現顯得意興闌珊

zzz…

好無聊真想快點回家

只做拿文件的簡單工作

有時鞭策下屬也是主管的工作

如果不定時完成工作我就放虎咬人

我馬上就去辦！

文件送來了您還有什麼吩咐嗎？

我這就和對方交涉！

催生火場爆發力提升生產力

假設職場環境相當舒適，毫無壓力可言，就會讓員工漸漸失去上進心，每天只完成最基本的工作。因此有時必須鞭策自己，讓自己不時處在壓力狀態下，戰戰兢兢地達成工作目標。只要能夠忍受壓力的重擔，克服所有難關，一定能使自己蛻變，變得比先前更有自信。對社會人士而言，這些經驗也有助於提升自我實力。

持續不斷自我鞭策

晉升課長後
還要努力
持續往上爬

鞭策自己不斷往
新目標前進
工作也駕輕就熟

晉升為
事業部的
負責人

每天努力工作
加班也是家常便飯
但我絕不認輸

趁年輕時
多多鞭策自己
增進能力

10年後

5年後

新人

孫子語錄
兵士甚陷則不懼。

21

05

儲備敵我情報，
累積不敗的能源

無論在哪一種類型的競爭場上，不分你我都想拼盡全力求勝。為了獲勝，我們必須盡可能提高不致落敗的機率。

　　孫子對於雙方交戰勝負，提出這番見解：「知彼知己，百戰不殆；不知彼而知己，一勝一負；不知彼，不知己，每戰必殆。」他認為就算充分了解競爭對手和自己的條件、對現狀有明確的認知，也未必保證一定能獲勝。勝負並非絕對，與其勉強追求淒慘的勝利，不如將重點放在建立「不至於落敗」的機制，打一場風險較小的戰鬥。

勝負風險表

勝敗：勝負機率各半　　　勝敗：不致落敗　　　勝敗：有失敗的危險

　　想像我們正接受新公司的面試，當面試官問到你的未來規劃，而你的答案超乎對方的預期，可以想見面試結果自然會以失敗收場，所以我們必須事先將面試公司的底細查得一清二楚才行。徹底掌握自己的短處和優勢，如此一來，便能凸顯自己與眾不同的魅力；換言之，知彼知己在商務領域堪稱是一項重要的準備工作。

知彼知己，面試百戰百勝

勝敗：勝負機率各半　　勝敗：不致落敗　　勝敗：有失敗的危險

孫子語錄
　　知彼知己，百戰不殆；不知彼而知己，一勝一負；不知彼，不知己，每戰必殆。

不敗的準備

06

作戰準備的心法①

工作不僅需要做出成果，工作時間更是占了一天的絕大部分。公司有如戰場，為了生存，我們必須做好哪些準備呢？

　　公司是一個有許多人參與的組織，主管負責做出各種不同的指示，下屬負責推動實行。如果主管做判斷時不聽從我們的想法時，該如何是好呢？當君主拒絕採納孫子的意見時，孫子提出這樣的見解：「將不聽吾計，用之必敗，去之。」或許有人覺得這種做法未免過於偏激，但是這也透露孫子其實抱持著強烈的信念，即便對方是一國之主也不容扭曲。

工作要有自己的堅持

　　個人的協調能力在公司內部相當重要，有時也必須勉強配合主管的意見行事。然而工作不能總是對他人唯唯諾諾，扭曲自己的信念並不會讓工作順利推展。如果旁人無法感受到你對工作的熱情，也許會讓人誤以為你只不過是一位敷衍的人。面對工作，必須秉持自己的信念，一旦發現自己和其他人的做法存在若干差異時，不妨勇於提出自己的意見。

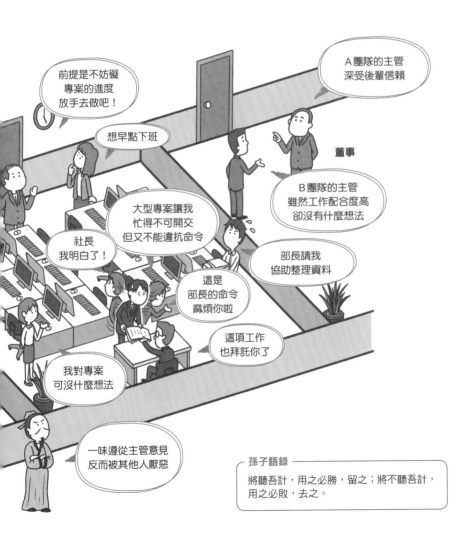

A團隊的主管
深受後輩信賴

前提是不妨礙
專案的進度
放手去做吧！

想早點下班

董事

B團隊的主管
雖然工作配合度高
卻沒有什麼想法

大型專案讓我
忙得不可開交
但又不能違抗命令

社長
我明白了！

部長請我
協助整理資料

這是
部長的命令
麻煩你啦

這項工作
也拜託你了

我對專案
可沒什麼想法

一味遵從主管意見
反而被其他人厭惡

孫子語錄

將聽吾計，用之必勝，留之；將不聽吾計，
用之必敗，去之。

25

不敗的準備

07

作戰準備的心法②

為了在職場上贏得勝利，有幾項最好在事前就做好的準備工作。列出「勝利條件」正是其中之一。

　　「多算勝，少算不勝，而況於無算乎？」這是孫子對勝負的定義。儘管這句話說得一點也沒錯，但事實上，在孫子的時代，還是有不少戰役是在毫無勝算的情況下開戰。徹底分析敵國，進一步和本國（自己）相比較，如果我方的有利條件比較少，就要想辦法克服限制，排除不利的條件，踏實做好提高勝算的準備工作。

提高勝算再一鼓作氣戰鬥

簡報講座

社會就是不斷的戰鬥

學習技巧克服不擅長在他人面前表達的弱點

體力不佳更要鍛鍊耐力

電腦教室

學習工作常用到的PowerPoint等軟體工具

為了不輸給同事必須更有自信

英語會話教室
APPLE

不久後就要出社會了必須先改善自己的缺點

希望英語能力達到日常會話的程度

有許多運動選手在比賽前，都會進行意象訓練，也就是想像自己獲勝時的景象，以求發揮應有的實力。解讀敵人的戰略，一旦發現自己的弱點，就透過密集的練習加以克服。意象訓練的祕訣就在於消除自己內心當中的落敗因素。換言之，事先預測各種戰況，直到想像出獲勝的場景為止，準備的重要性正是孫子想傳達的重點。

克服敗因的意象訓練

孫子語錄

多算勝，少算不勝，而況於無算乎？

不敗的準備

08

要提醒自己
敵人就藏在細節裡

無論面臨何種作戰，都不能大意輕敵。哪怕是執行熟悉的工作，有時也會忍不住鬆懈下來，然而一不小心就有可能出現失誤。

　　平時輕輕鬆鬆就能完成的工作，某一次卻出現無從預料的嚴重失誤；或是本來就擅長的運動項目，但卻在大賽中意外輸給實力不如自己的人，相信大家多少都有類似的經驗吧？孫子曰：「惟無慮而易敵者，必擒於人。」這句話的意思，簡單來說就是「大意乃兵家大忌」。過於大意，就會在意想不到之處遭到暗算，各位必須特別警戒。

愈簡單的工作，愈容易失誤

再麻煩你製作平時的文件

沒問題！我最擅長這項工作了

我還能用單手一邊玩手機遊戲一邊製作文件呢

一堆錯誤通通給我重做

真抱歉

就算是簡單的工作也不能輕忽

　　大意往往會出現在不經意的疏忽當中，開車就是一個最好的例子。各位不妨回想一下，最初新手上路時總是戰戰兢兢，不過習慣開車後，心情就開始鬆懈下來，反而導致事故發生的機率大增。像孫子這樣優秀的戰略家，對於各種事物總是慎重以對。面對工作時，也千萬別讓大意疏忽成為自己最大的敵人。

工作更需謹慎以待

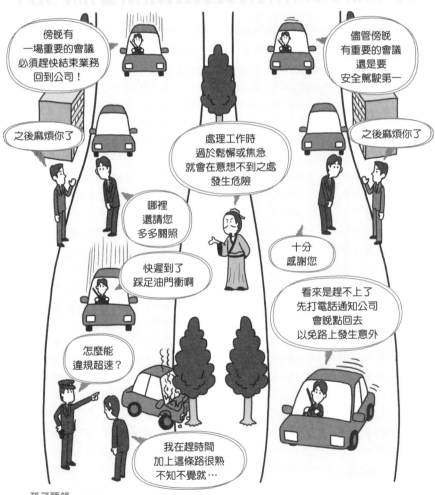

孫子語錄

惟無慮而易敵者，必擒於人。

首先思考
我們究竟為什麼而戰？

人是為了什麼而非打仗不可？如果不了解作戰的目的和原因，即使在戰爭中贏得勝利也毫無意義。

孫子用下面這句話，強調思考作戰意義的重要性：「夫戰勝攻取，而不修其功者凶。」贏得戰爭是為了獲得力量或利益，甚至是達成更進一步目標的一種手段。如果缺乏作戰目標，就算贏得勝利，投入戰事的全部心血最終也會付諸流水。當要擊敗競爭對手，或是開始新的業務時，首先必須思考作戰目的，之後才是著手展開作戰準備。

決定作戰目的

然而，世上也有毫無目標的戰爭，也有在過程中逐漸迷失原初作戰目的的戰爭。比方公司原本的目標，是期待藉由獎勵員工彼此切磋來擴大事業，可是卻導致員工在爭奪升遷的過程中產生嫌隙，最終兩敗俱傷。各位不應過度拘泥於眼前的勝敗，應該將眼光放遠，聚焦在如何達到目標。

不可忘記作戰目的

孫子語錄
夫戰勝攻取，而不修其功者凶。

作戰準備與勝算

　　《孫子》強調作戰之前充分準備的重要性，書中將道、天、地、將、法這「五事」，視為事前剖析己方狀態的五大關鍵。

　　從現在的角度來看，孫子所說的五事，分別對應工作的使命感、時代環境的變遷、敵我雙方的關係、領導者的能力，以及組織方面的規則。裡面還提到部下在準備的階段，就要勇於向主管提出自我主張，不必一味委屈自己遵從主管不可行的指示，有時堅持己見也很重要。

　　《孫子兵法》有云：「多算勝，少算不勝。」這句話的意思是：戰前估算的勝算大，在實戰中便能取勝；戰前評估的勝算小，實戰中就不可能獲勝。換言之，在正式開戰之前的準備階段便早已決定勝敗。檢視一下前面提到的五事，慎重判斷自己是否能在競爭中獲勝。

chapter 2

決定勝敗的有效作戰

為了在戰爭中贏得勝利，
我們勢必得累積己方的優勢。
那麼，實務上究竟該如何
擬定和執行作戰策略呢？

有效作戰

01

戰略如何實踐，
關鍵就在速度

孫子曰：「兵聞拙速，未睹巧之久也。」不過，這句話對完美主義者來說，或許聽起來很刺耳也不一定？

孫子有云：「兵聞拙速，未睹巧之久也。兵久而國利者，未之有也。」投入大量時間和勞力，成果卻不如預期，相信這是不少全力投入工作和擁有強烈責任感的人經常遇到的難處。我很了解這種心情，然而人生有限，如果不考量工作效率，終究任何事都做不好，這就好比過度追求完美設計，至今依然遲遲未能完工的巴塞隆納聖家堂吧。

時間也是成本

時間是一種成本，以一邊工作、一邊準備證照考試為例，
愈慢拿到證照，就表示無形中花費愈多的成本。

成本

希望能夠盡快取得證照

在短時間內一決勝負，便能節省更多無謂的成本

合格啦！

成本

孫子語錄
兵聞拙速，未睹巧之久也。

無法決定工作在什麼時候完成，這可說是日本人工作上的通病。雖然能準時開始作業，卻無法遵照既定時程結束。另一個造成工時延長的原因，還包含同時進行多項目標，導致精神無法集中。針對每天的業務安排優先順序，注意力集中達成最低工作目標，這麼一來便能避免浪費時間。讓我們養成在短時間內完成工作的良好習慣吧。

設定截止日，一決勝負

在月底前
還要拿到10家
公司的簽約

還請您
多多指教

設定截止日期
開始執行業務

為了達到目標
努力推銷

16

已經月中了
還要再加把勁

怎麼做才能
達到目標？

在截止日期前
做最後衝刺

若期限內未能達到目標
不如先暫時退一步
重新擬定作戰策略

這次一定
要在月底前
達標！

在短時間內和
實力較弱的對手作戰，
就是避免落敗的關鍵

再次定下截止日期
重新挑戰！

有效作戰

02

不斷延長戰鬥，
只會離戰果愈來愈遠

接續前一單元的話題。「兵久而國利者，未之有也。」這句話從反面
說明為什麼要速戰速決，確實一點也不假。

戰爭拖延得愈久，不但有更多士兵戰死或受傷，也會導致人困馬乏、武器損
毀。為了彌補這些損失，又得花費更多金錢，造成國家財政捉襟見肘。戰爭的
目的原本是希望打倒敵人，謀取利益，可是卻在不知不覺間反而把自己壓得喘
不過氣來。另一方面，士兵也會隨著戰爭延長漸漸失去戰意，國內不滿的聲音
日益高漲，甚至可能引發內亂。

戰線拉長，目的也就愈遠

不過，有時也會遇到突發狀況，導致戰事變成長期作戰，二〇〇三年爆發的伊拉克戰爭正是如此。高達天文數字般的軍事費用，對布希政權造成沉重的打擊，而類似的現象在商業領域也有跡可循。例如遊戲公司花太多時間開發新作品，結果後繼無力，反而對公司造成一大打擊，這類例子不勝枚舉。總之，在決定是否一決勝負之前，必須先考慮到演變為長期戰的可能性。

計畫愈長，失敗可能性愈大

假設我們正開發一項新產品，在這段期間內，時間、經費、人事費用都在不斷消耗，一旦中途受挫，最終連一毛錢的利潤都無法回收。

孫子語錄
兵久而國利者，未之有也。

有效作戰

03

不把對手當敵人，
而是值得學習的典範

「善用兵者，役不再籍，糧不三載，取用於國，因糧於敵，故軍食可足也。」這句話是「從敵方籌措糧食」的意思，下面深入探討。

在孫子的時代，每當遠征敵國，行軍時必須同時搬運糧食。當時並沒有殺菌袋裝食品，也沒有罐頭食品，只能隨軍攜帶煮飯用的鍋子，此時孫子提出「在攻打的地點奪取糧食」的想法。孫子曰：「智將務食於敵，食敵一鍾（一鍾相當於一百二十升穀物），當吾二十鍾；萁稈一石，當吾二十石。」光是換個做法，就能提升二十倍的效益。

利用當地現有資源

我帶了米、味噌、醬油、醬菜、杯麵、還有⋯

只不過到國外出差4天，有必要帶那麼多東西嗎？

孫子語錄

智將務食於敵，食敵一鍾，當吾二十鍾；萁稈一石，當吾二十石。

假設你和同事競爭升遷機會，雖然彼此間沒有個人恩怨，但只要看到對方一時活躍，心中仍然會不由得產生怨恨或嫉妒的念頭，可是這時若任由負面情感流露在外，基本上就出局了。我們只需要吸收「敵人的糧食」，也就是「競爭對手的優點」；仔細觀察對方的做法，不恥下問，以積極的態度迎戰。

像海綿一樣吸收對手優點

有效作戰

04 活用敵方資源，加乘效果最大化

孫子認為，奪取敵方的物質和士兵，就能增強自軍戰力，這點和將棋毫無二致。那麼我們該如何應用於商業領域當中呢？

孫子最令人欽佩之處，就在於他主張勝利並非唯一的作戰目標，而是從「可以從敵人獲得什麼利益」這個角度來思考。把敵軍的物資納為己用，說得難聽一點，其實和「搶奪」沒有兩樣，但是在商業領域，可以合法透過M&A（收購、合併）達成相同目的。例如亞馬遜、軟體銀行、樂天等大型企業，都是透過收購度過經營危機，持續壯大並維持至今。

以戰利品強化自身實力

孫子語錄
勝敵而益強。

另外，晚一步加入競爭對手開拓的新市場、利用消費者認知和銷售途徑的企業戰略，也可說是一種利用敵人資源的方法，也就是俗諺所說的借力使力、借花獻佛。只要有效活用其他公司的創意，再加上自家公司的優勢，就有可能產生 1 ＋ 1 ＝ 3 的綜效（加乘效果）。有用的東西就要積極利用，這就是孫子的主張。

巧妙利用競爭對手

有效作戰

05

要了解優勢必有隱憂，隨時擬定B計畫

塞翁失馬，焉知非福；塞翁得馬，焉知非禍。孫子告訴我們，要做好隨時面對挫折的準備。

「智者之慮，必雜於利害」這句話源自中國古代的陰陽思想，意思是指每件事物一定都有光明和黑暗兩種面相（正面和負面，優點和缺點），而智者會從正反兩方面切入思考。然而，一般人只能看到事物的一面，因此心境也隨之起伏，無法做出正確的判斷。請各位記住，無論面臨好事或壞事，當前的景況都不可能永無止境地持續下去。

凡事皆一體兩面

判斷事物
同時思考優缺點
絕對不像嘴巴
說得那麼容易

孫子語錄
智者之慮，必雜於利害。

工作順利進展時，更要特別注意細節。俗話說得好：爬得愈高摔得愈重。利潤愈高，愈要小心隱藏其中、看不見的陷阱。即便是穩定的交易對象，也要做好隨時終止交易的準備。時時刻刻小心慎重地行事，事前備妥「B計畫」，以便面臨突發狀況時可立即啟動應對。

有備無患

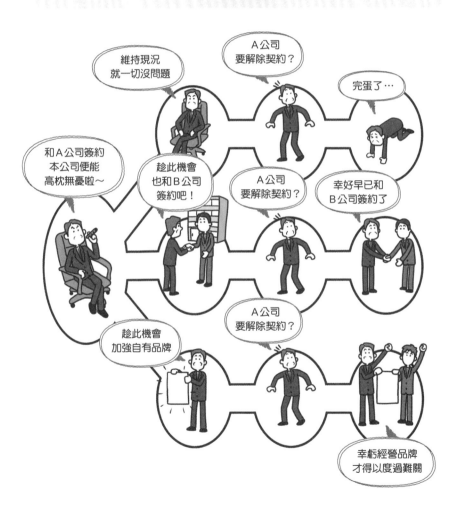

有效作戰

06

在專一領域成為專家，便能立足不敗

> 「國之貧於師者遠輸，遠輸則百姓貧。」這句話雖然一點也沒錯，但我們也可以試著從人才的角度來解決這個難題。

你最擅長哪些工作？你具備哪一點不輸任何人的特質？在什麼方面可以讓你信心滿滿地說出「我就是該領域的專家」？能夠立即回答以上問題的人，就是極具價值的人才。不分領域，企業組織隨時都在尋找有價值的人才，這些人才也往往比一般人有更大的成功機會。反觀沒有特殊長才的人，就很有可能埋沒在茫茫人海當中。

特長和魅力決定自身價值

將業務擴展海外，也就是規劃「遠征」方案時，投入的「資金」多寡即可視為該名投資者的「強項」。這裡所說的強項，就是擅長的能力，無論技術、知識，還是經驗、語言都包含在內。然而正如孫子提及的「日費千金」^(※)，如果你的能力平庸無奇，便難以闖出名號。舉例來說，在外商企業工作，英語能力是最基本的要求，因此關鍵能力在於「能夠用英文做到哪些事」。

憑藉獨一無二的武器投入戰場

假設你具備出色的英語能力，那麼在求職時，
就應該想想自己能用英文做到哪些事。

> 我自認
> 英文不錯！

> 找出自己
> 獨一無二的能力

> 英語能力是
> 我的強項

> 我對時尚方面
> 頗感興趣

> 本公司不缺
> 精通英語的人才

> 我很喜歡旅行
> 對東京名勝
> 非常熟悉

> 和國外企業
> 交涉的任務
> 就交給你！

> 在本公司帶
> 外國人觀光吧！

孫子語錄

凡用兵之法，馳車千駟，革車千乘，帶甲十萬，千里饋糧，則內外之費，賓客之用，膠漆之材，車甲之奉，日費千金，然後十萬之師舉矣。

45

有效作戰

07

找出共同需求，
誘導敵人成為盟友

孫子總結欺敵埋伏之法，不讓敵人有機可乘。想不到這套心理戰法
居然也能套用在行銷策略上！

　　孫子提出一套誘敵策略，作戰方法是我軍先派一支隊伍佯動，假意襲擊，迫
使敵人不得不回應反擊，等到誘餌部隊成功引誘敵人上鉤後，再派出伏兵出奇
不意攻擊敵軍。當你建立自己的事業時，不妨參考這套策略。先在市場建立需
求，再透過廣告等方式誘導顧客，接著利用折扣優惠活動等方式以逸待勞，坐
等顧客上鉤。

誘導顧客成為使用者

以免費遊戲為例，就是以免費為號召來吸引玩家，再誘導玩家成為付費
會員，便能為公司帶來利潤。

免費遊戲
不玩白不玩

試試本公司
新推出的
免費遊戲！

財源滾滾來

我要課金抽卡

在網路商店購物
增加點數

孫子語錄
善動敵者，形之，敵必從之；
予之，敵必取。以利動之，
以卒待之。

推薦朋友加入
就能增加點數

可惜的是，無論哪個市場，目前普遍都呈現飽和狀態，企業不容易創造新的需求，單獨開拓市場。因此市場上開始出現和顧客及其他公司一起締造雙贏局面的「協同行銷」商業模式，像是使用者協助宣傳的「雀巢大使」（※）就是最好的例子。不必非得靠硬碰硬的方式將對手打得體無完膚，而是靈活運用智慧，讓敵我雙方避免無謂的損失，這種做法可以說非常接近孫子的理想。

雀巢大使的例子

雀巢大使提供的服務，就是讓其他公司和顧客（雀巢大使）直接交涉。

由其中一名員工擔任雀巢大使，
負責租借咖啡機。

我只要向雀巢大使
支付費用
就能享受一杯咖啡

我負責幫大家
購買咖啡膠囊

公司有了咖啡機後
員工之間的交流
也明顯增加了

能喝到
便宜的咖啡
真令人愉快

有效作戰

08

時間就是金錢，
此乃勝利的不二法門

想要安排埋伏，以逸待勞戰勝敵人，就意味著要比敵人先抵達有利的位置。可以說準時正是商務領域最基本的要求。

　　孫子有云：「凡先處戰地而待敵者佚，後處戰地而趨戰者勞。」孫子之所以特別提出這項理所當然的原則，固然有其道理。孫子兵法的大方向在於不打沒有勝算的戰爭，為了收集完整情報，做好萬無一失的準備，因此確保有足夠的時間絕對有其必要性。在規劃工作排程時，也不可存有僥倖心態，把每份事務的交期都設定在最後期限上。

做好準備，迴避失敗

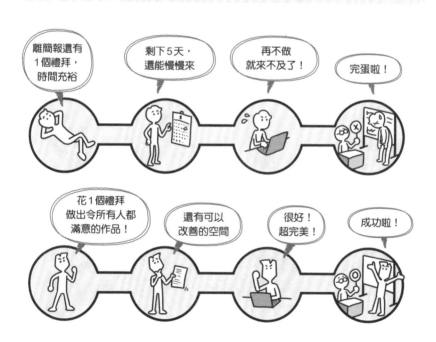

準備時間不充分，最大的麻煩就是可供選擇的條件也會逐漸遞減。當趕不上約會時間時，我們必須付出昂貴的計程車費，或是費勁全力衝刺，才能趕在最後一刻抵達目的地，結果卻是浪費無謂的金錢和體力。如果提早出門，就能悠哉地搭電車輕鬆抵達。據說成功人士多半都有早起的習慣，或許是因為他們總是先一步採取行動，才能讓事情有效率地推展下去。

選擇隨著時間而遞減

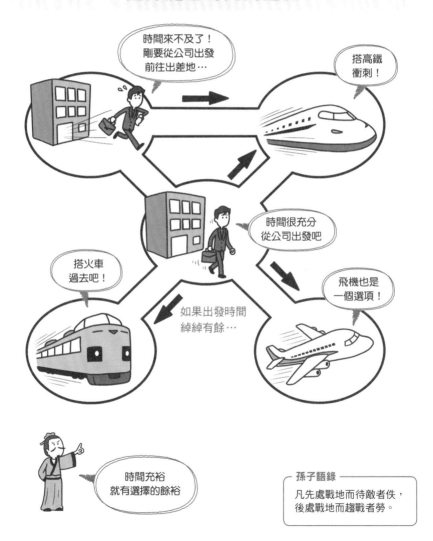

時間來不及了！
剛要從公司出發
前往出差地…

搭高鐵
衝刺！

時間很充分
從公司出發吧

搭火車
過去吧！

如果出發時間
綽綽有餘…

飛機也是
一個選項！

時間充裕
就有選擇的餘裕

孫子語錄
凡先處戰地而待敵者佚，
後處戰地而趨戰者勞。

09

不擅長的領域，
絕不逞匹夫之勇

有些事情只要努力去做就能做到，有些則不然。萬一被分配到不擅長的工作時，我們該如何因應呢？

孫子云：「國之貧於師者遠輸。」軍隊駐紮在遠方，隨著軍需物資源源不絕輸送，勢必會牽動國內物價上漲；物價一旦上漲，就會造成百姓窮困，生活深受稅賦負擔所苦。孫子認為，與其大動干戈造成國內空虛困窘，還不如一開始就極力避免開戰。商業領域也是如此，領導者必須先行預測損失，做不到的事最好選擇放棄。

不隨便許諾不擅長的工作

一旦接受這項工作…

你之前不是說做得到嗎！

我還是做不到！

真的嗎？

勇於說不，才能為下次委託累積相應的實力

拜託！請務必答應我的請求！

真過分！

那家伙有夠沒用…

同事拜託自己承接不擅長的工作

想要知道一項新工作是否超出自己的能力範圍，其實標準皆可在孫子原文中找到，也就是要冷靜地判斷自己是否具備足以支撐遠征（負責自己不擅長的任務並徹底執行）的財力（實力和實績）。儘管勇於挑戰的精神非常重要，但也不能輕忽自身義務和利弊得失等因素。做決定並非一件容易的事，靜下心來仔細思考，不管最後是要全力以赴還是堅定拒絕，一旦定案就不能輕言後悔。

冷靜評估下判斷

51

有效作戰

10

有魅力的領導人，愈擅於宣傳氣勢

不只孫子兵法，幾乎每本兵書都會出現「氣勢」這個詞。其實氣勢正是決定敵我勝負的重要因素之一。

「善戰者，求之於勢，不責於人」，據說這句話是孫子向吳王進言時所說的話，但個中意義眾說紛紜。這裡站在個人、企業和組織的角度來思考，將這句話重新詮釋為現代的商場戰略——一旦我方確信勝利，就會營造出氣勢，這股氣勢也會吸引支持者聚集。公司和個人若能展現氣勢，自然能帶給客戶一種正面和充滿幹勁的良好印象。

統合眾人朝往同一方向

氣勢會帶來好運。和具備正面思考的人或組織一起工作，成員自然會產生好心情，同時也會吸引更多人才聚集。人才的流入帶來各種機會，這些機會當然有可能讓我們從中獲得商機，甚至在困難時得到援手救助。相反地，對獲勝與否沒有十足信心，卻莫名充滿自信，這樣的人儘管具有個人特色，但不免令人懷疑其號召力，反而給人做事草率或虛張聲勢的印象。

機會就在有氣勢的一方

孫子語錄 ————
善戰者，求之於勢，不責於人。

有效作戰

11

瞄準目標，將困境化為捷徑

「迂直之計」是孫子兵法中著名的出奇不意之策。這裡從稍微不一樣的角度，解讀為突破困境的策略。

「以迂為直，以患為利」，當事情發展不如預期時，正是實現「迂直之計」的大好機會。「以患為利」這句話，是告訴我們要盡全力「將危機化為轉機」。與其為了找出事情進展不順的原因而不斷苦惱，既費時又費心，不如轉移心力，將現在能夠做到的事情全力做好。人類一旦被逼入絕境，反而能夠發揮出意想不到的潛能。

即便繞遠路，仍是最後的贏家

目的地

迂直之計
＝使敵人以為我軍落後，
派誘餌部隊鬆懈戒心，
趁敵軍停下腳步時
一舉搶占先機。

這裡介紹一個迂直之計的最佳實例。專門製造販賣名酒「獺祭」的旭酒造（山口縣），在一九九○年代後期陷入原料供應斷絕和資深釀酒職人集體辭職的危機，然而當時的社長櫻井博志，決定趁此機會開發新的供應商，全面執行換血計畫。原本日本酒只能在冬季釀造，他卻成功打造出全年都能生產日本酒的環境，使瀕臨破產的旭酒造再度重生。

危機正是轉機

當地稻米

※釀酒職人的稱呼 杜氏

我決定辭職

失去原料供應，又面臨釀酒職人出走潮

不能就此意氣消沉！

我們一起努力吧

將釀造法製做成標準手冊，交由年輕員工負責

年輕員工＋手冊

找到新的供應商

感謝協助

一起努力做出美味的清酒

孫子語錄

軍爭之難者，以迂為直，以患為利。

有效作戰

12

團隊同心協作，
勝利便呼之欲來

「吳越同舟」的典故相當著名，大意是指彼此間雖有舊怨，但當同遭危難、利害一致之時，就應該同心協力互相幫助。

當公司部門或專案團隊之間的成員彼此對立，導致團隊缺乏凝聚力時，不妨想想孫子的話：「吳人與越人相惡也，當其同舟而濟。遇風，其相救也，如左右手。」縱使面臨的危機沒有到組織存廢這般嚴重的事態，我們也能為團隊制定一個課題，推動成員必須同心協力才能解決的問題，或是訂立遠大的目標，充分發揮「危難」的效果。

昔日之敵，化為今日之友

唯有如此了

暫時休戰吧

換句話說，領導人要營造出「現在不能起內訌」的局勢，平時維持這樣的現狀，就能在不知不覺間提升團隊的合作意識。例如告訴所有成員（和自己）：「如果大家能團結起來提升業績，每個人都有好處。業績不振，對所有人有害無益。」如此便符合孫子所主張的「氣勢能帶來巨大勝利」。

提示利弊，有效團結組織

順利的話不只能拿到獎金，還有高預算的豪華員工旅行！

大家都是坐在同一條船上！

事情沒做好，不但會減薪，還可能會裁員或刪減經費，甚至公司倒閉！

所有員工要同甘共苦、背水一戰！

平時不斷灌輸「同舟共濟」的觀念，以便在有需要時立即集合眾人之力

孫子語錄 ─
吳人與越人相惡也，當其同舟而濟。遇風，其相救也，如左右手。

有效作戰

13

對手的情報，
更要收集再收集

如果想在戰爭或商業競爭上確實掌握勝利，盡可能收集第一手情報絕對是非常重要的一步。

開戰前的準備階段自然也包含情報的收集，孫子將需要收集的情報分為四大類型：「得失之計」代表實際開戰時，我軍的利弊得失；「動靜之理」是判斷敵軍行動時的標準；「死生之地」是分辨敵軍的致命弱點；「有餘不足之處」則為敵軍的優勢與劣勢。孫子強調，為了充分掌握這些資訊，我方也必須主動挑撥敵軍，或是發動零星衝突。

全方位收集對手情報

店鋪情報

· 商店規模
· 位置
· 店員人數
· 客層
· 來客數較多的時間
· 來客數較少的時間
· 熱門商品
· 不同世代的熱門商品
· 冷門商品

思考冷門商品為什麼不受歡迎也很重要

換言之，若想獲得有用的情報，不能光從遠處觀察，必須實際和敵軍接觸才行。從商業的角度來看，說到情報收集，不免讓人聯想到市場調查。然而即便現今資訊科技發達，躲在辦公室裡透過網路調查並無法獲得有用的情報，仍然要實際到現場收集資訊才行。仔細觀察對手的員工和顧客的行為，用心聆聽所有人的意見。

小競爭獲得大情報

孫子所說的零星衝突，換成商業的角度，即是指和顧客直接面對面，例如到零售店親自確認賣場情況。

我看看

原來如此

確認對手公司販售的產品。

親自到零售店查訪銷售情況。

也順便買這個吧

這麼做一定大賣！

觀察顧客在店內的行為，會一起購買哪些產品。

修正銷售策略，確定可行性後便一決勝負。

親自接觸，目的是為了要了解顧客的判斷標準

孫子語錄

策之而知得失之計，作之而知動靜之理，形之而知死生之地，角之而知有餘不足之處。

有效作戰

14

想像落敗，
打造無死角的防護網

孫子非常重視避險。他強調領導者應事先想像落敗的情景，從中思考出勝利的方程式。

孫子曰：「不盡知用兵之害者，則不能盡知用兵之利也。」換言之，身為領導者，心中必須隨時存有落敗的因應對策。了解成功的方法固然重要，但不考慮意料之外的情況，最終仍會一無所獲。這個道理就好比前面介紹過的「陰與陽」（P.42），任何戰前準備都必須從長期的觀點來考量，預測未來即將發生的各種狀況以便提前因應。

想像落敗的情景

客戶中止合約

怎麼會！

和貴公司
到此為止！

STRIKE

咦！

員工發動罷工

我們要求
加薪！

這邊的待遇
比較好…

別走！

優秀員工被競爭
對手挖角

作戰前要先思考
可能導致落敗的
局面

先行預測對自己不利的狀況，如此一來，在事情發展不如預期時，就不至於心慌意亂不知所措，能夠以積極正面的態度因應。發明大王愛迪生每當實驗失敗時，都會開心地告訴自己：「我又發現一個行不通的方法！」記住自己的「失敗模式」，不斷累積經驗，就能在危機發生前察覺「這麼做似乎不妙」，從而達到迴避風險的目的。

有效作戰

15

讀心三招，
隨心所欲操縱對手

原文解說預防周邊諸候介入戰事的三種方式，這也是避免無謂的紛爭，確保自己生存下來的偉大智慧。

　　牽制對手的第一種方式，就是利用損害（害）澆熄敵人的戰鬥意願。戰國時代的蘇秦遊說意欲攻打燕國的趙國，主張「雙方一旦交戰，都會遭到強大的秦國併吞」，最後成功避免戰爭。第二種方式是利用艱難的工作（業）讓敵人承受負擔。例如恐怖分子預告要發動恐怖攻擊，警方卻無法證實是否真的會付諸實現，導致國家上下都陷入恐慌當中。

操弄敵人的三種方式

第三種方式，就是強調能同時獲取的利益（利），令對方提供協助。鼎鼎大名的史蒂夫・賈伯斯，就曾採用這個方法說服廠商。賈伯斯推出 iTunes 商店時，就是以利誘的方式，告訴各大唱片公司「只要交給蘋果公司經營，便無須堆滿CD庫存，輕輕鬆鬆就能獲利」，從而成功簽訂合作契約。

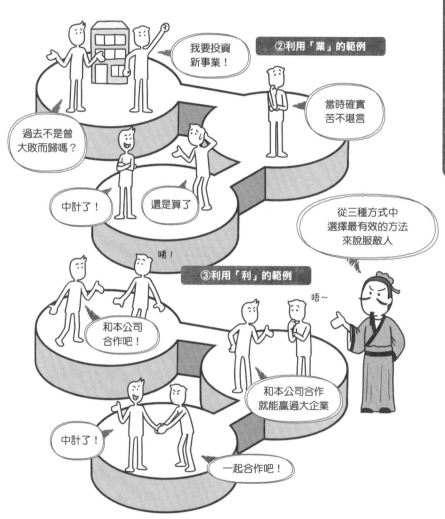

16

不戰鬥，
才是終極的勝利之法

「不戰而勝」堪稱是孫子思想的核心。第二章的最後，讓我們思考一下個中緣由和具體的做法吧。

孫子有云：「百戰百勝，非善之善者也；不戰而屈人之兵，善之善者也。」體力一旦在競爭中消耗殆盡，即便最終獲勝，我方的發展也就到此為止。為了達到不戰而勝的目的，除了透過外交和談判避免交戰、利用謀略破壞敵人內部等基本戰略之外，還有展示壓倒性的力量，讓對手深感「沒有勝算」，進而放棄競爭的方式。

不戰而勝是最好的辦法

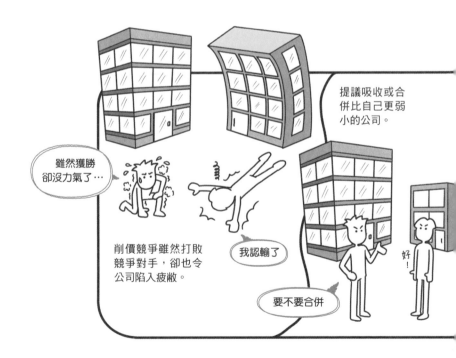

提議吸收或合併比自己更弱小的公司。

雖然獲勝卻沒力氣了…

削價競爭雖然打敗競爭對手，卻也令公司陷入疲敝。

我認輸了

要不要合併

好！

在沒有敵人（或少有敵人）的領域一決勝負的「藍海策略」，也是一種「不戰而勝」的方法。當雙方皆朝同一目標前進，但我方的腳步卻跟不上競爭對手時，不如乾脆改變方向，另謀出路。勝利才是戰爭和商業的最終目的，而非戰鬥（競爭）本身，若是能在敵我雙方都沒有損害的情況下獲勝，便可說是最理想的勝利狀態。

藍海策略
潛藏未知可能性的全新市場，當中沒有或少有競爭對手。

透過諜報活動破壞內部。

真的嗎

這家公司
聽說快倒了

大企業透過本身光環，使中小企業以為自己不是對手。

天啊！

很好，
在這個領域
一決勝負！

中小企業在大企業無法觸及的私有領域一決勝負。

無名小卒
快讓開！

強者也會因作戰而耗損，因此不戰而勝才是上乘之道

孫子語錄
百戰百勝，非善之善者也；不戰而屈人之兵，善之善者也。

孫子兵法也有
忠實的日本讀者？

世界各地有不少《孫子兵法》的忠實讀者，都以這部兵法書作為自己的行動準則，當中自然不乏各個領域的成功人士，而他們也都以自身經驗證明孫子兵法的有效性。

相傳《孫子》最早是透過遣唐使帶回日本，因此從很久以前開始，日本人便深入鑽研這部傳奇兵書。眾所皆知，戰國武將武田信玄的軍旗上，便題有「風林火山」等字，而這句著名的口號正是借用《孫子》裡面的戰略思想；培育高杉晉作和伊藤博文等維新志士與領袖的幕末思想家吉田松陰，也曾在西洋挾槍砲之勢進逼日本時，研讀《孫子》並為其作註。

其他愛好《孫子》的代表人物，在當代還有微軟的創辦人比爾‧蓋茲，以及軟銀集團的創辦人孫正義。

chapter 3

立於不敗的戰鬥原則

在瞬息萬變的戰場上，
不存在「絕對」一詞。
但孫子認為作戰有原則可循，
只要秉持就能「不敗」！

作戰原則

01

交換名片，
第一時間贏得好印象

孫子在〈虛實篇〉中有云：「善戰者，致人而不致於人。」這句話真正的含義，究竟是什麼意思呢？

孫子兵法中所謂的「拙速」，是指為將者不要拘泥在不重要的小事上，應該針對事態迅速做出反應。這個道理和將棋或圍棋中的「先手必勝」和「先發制人」意思相近，換句話說，孫子主張起跑衝刺的重要性。任何人在沒有做好萬全準備前，一定缺乏自信，做事拖拖拉拉，導致一事無成，繼而被競爭對手搶先一步。

新手必勝，就從交換名片開始

對於商務人士而言，交換名片堪稱起跑衝刺的最佳時機；若和同事同行，先一步交換名片可說是最好的方式。

孫子語錄
善戰者，致人而不致於人。

拜訪客戶或出差時，先行一步到當地了解風俗和地理環境，只要獲得這類能夠成為打開話匣子的情報，便能順利掌握會話的主導權。而在會議的討論過程中，盡快進入主題，針對重點闡述，便能在短時間內做出結論，無須耗費無謂的體力和精神。能搶占先機、迅速做出反應的人，便能輕鬆掌握商機。

掌握會話主導權，短期決戰

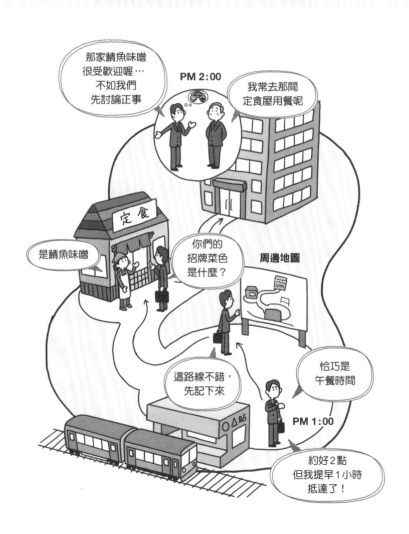

作戰原則

02

與對手分享勝利，追求最大化利益

兩方交戰，除了不讓己方受傷，獲勝時也別令敵人損失慘重，這個看法也符合未來社會的趨勢。

謀攻就是指諜報戰，這種作戰方式是事先了解對方的計畫，在雙方沒有交戰的情況下取勝。因為雙方沒有實際投入作戰，能夠在損失最輕微的程度下做個了結。從商業的角度來看，就是所謂的「壓低成本」。這裡是將焦點擺在「不交戰」這件事上，不過我們也能將這句話定義為：使敵我雙方都不會造成損失的作戰方式。

不交戰，就無人受害

麥當當漢堡
290元

莫斯漢堡
290元

共存共榮吧

兩店價格
保持一致

價格都一樣
來這邊吃吧

價格都一樣
到這家用餐吧

孫子語錄
必以全爭於天下，故兵不頓，利可全，此謀攻之法也。

具體的例子，包括遊樂場在乘坐設施導入人氣角色這類「聯名合作企畫」，還有近年來快速成長的共享經濟，例如餐廳在營業時間之餘可作為共同工作空間，對外出租場地。再加上這些收入往往會提出一部分貢獻社會，比方援助災區重建或地方復興計畫。這樣的雙贏關係，想必在未來會變得愈來愈重要。

打造理想的雙贏局面

03 改造僵化模式，老招也能變出新把戲

軍形是什麼？無形的軍形又是什麼意思？接下來透過實際例子，帶大家了解這個有如禪宗公案的問題。

孫子為了找出贏得勝利的公式，徹底研究軍形，最後得到「無形」的結論。「無形」就是指沒有具體的型態，因此敵我雙方都無從得知軍隊未來的動向。然而這裡所謂的「形」，是指任誰都能一眼就看穿的「既定型態」；換言之，不墨守成規、不陷入單一模式的迷思，使行動策略得以自由變化，這才是團隊最理想的狀態。

單一模式使人厭煩

現代科技的發展腳步十分快速，所以我們應該要學會彈性因應。縱使是傳統工藝品，也必須融入現代人的審美觀感，加以改良，否則最終只會迎來被時代淘汰的命運。長崎縣的豪斯登堡主題公園，之所以能從破產危機奇蹟似地重生，正是因為捨棄包袱，重現荷蘭街景的「形」化為「無形」，並陸續推出顛覆傳統的新企畫。

豪斯登堡的無形之策

去過一次就夠了

老實說有點無聊

1992 年，以重現歐洲街景為主題的豪斯登堡（長崎）盛大開幕。

開幕後的18年間，一直處於虧損狀態。

目標是第一和唯一！

一成不變行不通，必須引進新的創意！

豪斯登堡奇蹟重生，成為九州屈指可數的觀光名勝。

捨棄過去的「型態」，陸續推出新的企畫。

2010年開始出現轉機。

孫子語錄 ———
形兵之極，至於無形。

成功啦！

作戰原則

04

要知道勝利的捷徑
往往伴隨危機

雖然孫子兵法強調要先發制人，可是另一方面，孫子卻也提到先行動的困難之處。

《孫子兵法》的第七篇「軍爭篇」，內容主要著墨於該如何比敵人先掌握主導權。先發制人原則上是靠速度來一決勝負，但孫子卻也提醒為將者「不可為搶先一步而強行進軍」。倘若以速度為唯一考量，過於急迫進軍，便會導致補給部隊與搬運武器和糧食等重物的車馬來不及接應，反而將形勢導向對己方極為不利的情況。

速度優先的例外原則

簡單來說，孫子的意思就是「不能只看到眼前的勝利而強行為之」。例如受傷的運動選手忍痛贏得比賽，卻因為沒有妥善治療以致傷勢不斷惡化，最後斷送運動員生涯；上班族每天加班才得以交出漂亮的業績，卻造成健康指標亮起紅燈，最終不得不向公司辭職調養。為了避免這類悲劇發生，我們首先必須認清自己的極限。

拼命三郎的失敗之歌

作戰原則
05

像儲水一樣累積情報，一局定勝負

孫子以水來比喻軍隊取勝的態勢（形），他的原話是「決積水於千仞之谿者」。

「積水」是指水位高漲、即將漫出的水勢；「千仞」則相當於一千五百公尺。試著想像大量的水有如水壩崩潰決堤，朝深谷裡傾瀉而下的景象，感覺就像是水這股能量不斷累積，最終一口氣釋放出來。沒有任何東西可以阻止這片氣勢滂薄的大水，孫子認為這股氣勢正是獲勝的祕訣。

孫子語錄

勝者之戰民也，若決積水於千仞之谿者，形也。

從商業的角度來看，顧客情報和市場分析等「資料」，即是孫子認為所需積累的「水」；對藝人來說就是「新梗」，對考生來說就是英文單字等「知識」。但是這些「水」需要每天一點一滴地累積，而非一次大量收集。每天不斷累積，直到派上用場的那一刻，便一口氣完全釋放出來，這樣的分寸拿捏在人生中非常重要。

涓涓細流形成的氣勢

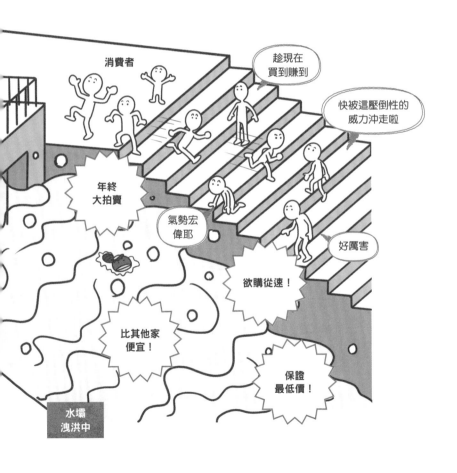

作戰原則

06

面對大敵，
不如選擇全力撤退

為免戰敗，有時也會考慮「以退為進」的戰略。不過，我們必須具備哪些能力，才足以判斷逃跑的時機？

　　在兩軍交戰前，試著比較敵我雙方實力，若自軍實力不如對手，便無須戀戰，擬定撤退方針，此乃兵法的原則。孫子云：「小敵之堅，大敵之擒也。」小軍無論如何頑抗，最終只會被大軍所擒。他強調要從客觀的角度評估己方實力，放下無謂的自尊心，避免意氣用事，自暴自棄。誠實面對自己的弱點，這樣的勇氣才是真正的力量。

職場逃兵不可恥

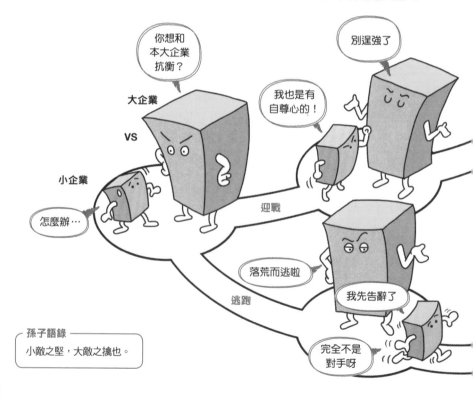

孫子語錄
小敵之堅，大敵之擒也。

認清自己的實力不如他人時，有兩個方向可以選擇 ── 意氣用事而當場遭擊潰，或暫時撤退，研議後續計畫。德川家康的「伊賀穿越」，就是選擇後者而獲得成功的最好例子。本能寺之變發生時，人在京都的家康不加入戰局，而是以最快的速度逃回自己的根據地三河。如果家康在此時選擇加入戰局，或許就沒有後來的江戶時代也說不定呢。

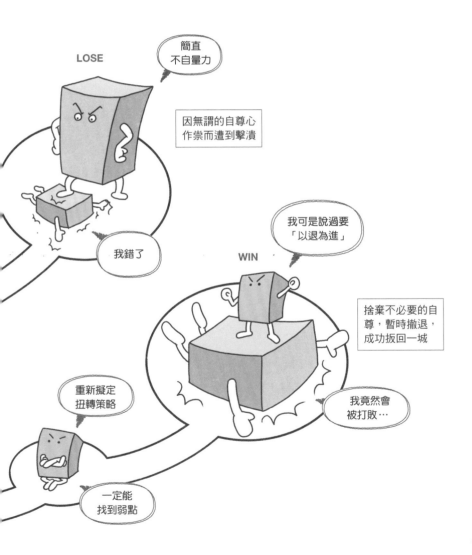

作戰原則

07

不分散戰力，
集中攻擊敵人靶心

當敵我雙方的兵力勢均力敵時，如何才能超越對手，贏得勝果呢？

一旦兩軍兵力不分上下，交戰雙方就會遲遲無法分出勝負；可是當敵人分成十個部隊時，戰況又會變得如何？每個部隊的兵力都減為原先的十分之一，實力遠遠不如全軍集結的模式。我們在商業領域也能夠看見類似的現象，在一九八〇至九〇年代，許多日本企業假借多角化經營之名，不斷擴張規模，最後隨著泡沫破裂而紛紛倒閉。

分散弱化實力

組織一旦涉獵範圍過於廣泛，很容易導致自我毀滅，因此孫子建議我們採取完全相反的做法，也就是集結全軍部隊，充分發揮軍隊之力。只要將能量集中在自己擅長的領域，或是投入競爭對手不多的領域，獨占鰲頭便不再是夢想。例如日本大型健身房「RIZAP」，於二○一八年轉盈為虧，正是充分體現集中兵力的例子。

RIZAP的成功和失敗實例

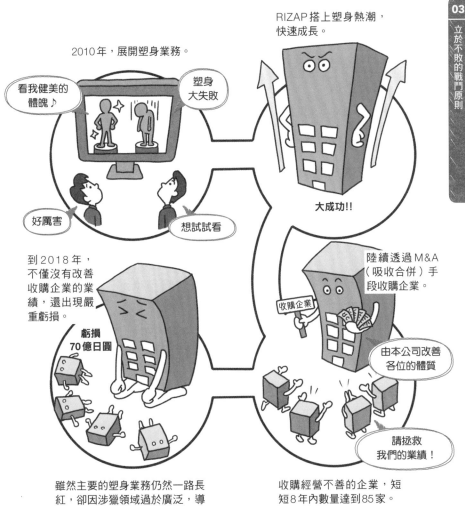

2010年，展開塑身業務。

看我健美的體魄♪

塑身大失敗

好厲害

想試試看

RIZAP搭上塑身熱潮，快速成長。

大成功!!

到2018年，不僅沒有改善收購企業的業績，還出現嚴重虧損。

虧損70億日圓

陸續透過M&A（吸收合併）手段收購企業。

收購企業

由本公司改善各位的體質

請拯救我們的業績！

雖然主要的塑身業務仍然一路長紅，卻因涉獵領域過於廣泛，導致整體營收呈現虧損。

收購經營不善的企業，短短8年內數量達到85家。

作戰原則

08

看準二十年後，
今天開始累積好習慣

即便目標遙遠，但只要知道地點和時間，便可以放手一搏。想不到
孫子這個觀點，竟然和現代的經營哲學與成功法則不謀而合。

「知戰之地，知戰之日，則可千里而會戰」，反過來看，這句話也可以解釋
成：前往遠方標的之前，必須先弄清楚地點和時間。想要達到預定的成功目標
（遠方），首先必須知道地點（想在什麼領域獲得成功）和時間（希望何時達
成），這些條件在自我啟發書籍裡，往往稱為「長期願景」。

20年後的
終極目標是上市，
為了達標，我們要
先思考該怎麼做

1 年後

5 年後

創業
公司若無法克服創業
困境，上市只會變成
遙不可及的夢想。

擴大需求
即使度過創業時期，若
無法滿足顧客需求，業
績也不會有起色。

孫子之所以推崇這項觀點，是因為它能幫助我們做好充分準備。為了實現二十年後要達成的夢想，我們應該如何準備，又應該達到哪些目標呢？根據這些條件，定下十年後、五年後、一年後的階段目標，甚至是今天要做好哪些事，將範圍縮小至每天應該養成的習慣。除了工作之外，這個方法也能應用於儲蓄、減肥等不同領域上。

訂立目標，反推長期願景

孫子語錄 ——
知戰之地，知戰之日，
則可千里而會戰。

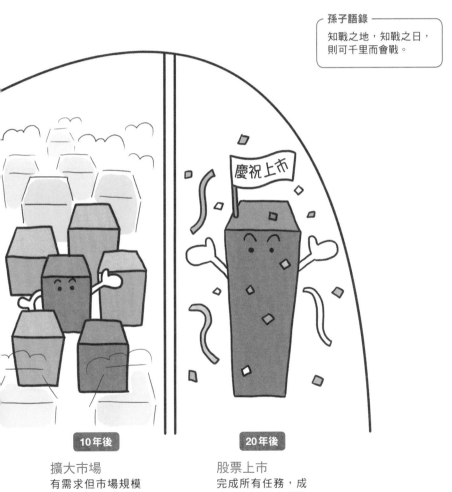

10年後

擴大市場
有需求但市場規模
不大，仍難以達到
上市目標。

20年後

股票上市
完成所有任務，成
功實現股票上市的
夢想。

作戰原則
09

蓄積必勝的氣勢，
一鼓作氣不延宕

如同第76頁介紹的「決積水於千仞之谿者」，孫子以水勢比喻集中力和爆發力，並強調其重要性。

孫子云：「激水之疾，至於漂石者，勢也。」下面一句則是「鷙鳥之擊，至於毀折者，節也。」這裡的「勢」是指「爆發力」，以運動來比喻，就好比人在跳高之前，會先蹲低身體，再奮力一躍而上。而在商業領域裡，就是公司組織新專案的負責團隊時，會召集所有成員集合在一起，大喊「加油！」以提振向心力的振奮景象。

蓄積力量，一股釋放

預祝新專案成功！

加油！

你們可要多努力

相信你們一定成功

氣勢十足

孫子語錄 ——
激水之疾，至於漂石者，勢也。

據說，現代人一天最多只能專注工作四個小時。能幹的人對此有所自覺，因此工作時會不斷在短時間工作與短暫休息之間來回切換，避免工作能量如未關緊的水龍頭般流瀉不止。而且這樣的工作效率，總比長時間坐在辦公桌前發呆來得好，也能獲得較多的成功體驗。除此之外，這個做法也有助於提升信心，工作變得更得心應手。

能幹的人善於拿捏分寸

作戰原則
10

善意的謊言，
更能有效攻破心防

「兵者，詭道也」是眾所皆知的名言，可是「詭」這個字總給人不太好的印象。既然如此，為什麼這句話能成為格言呢？

「詭道」一詞直接翻譯為現代語意，意思就是「欺騙對手的行為」。兵法中的詭道，在商業領域中相當於「討價還價」，在運動領域裡則和「假動作」的意思相同，可以視為是為了贏得勝利的一種技巧，而非欺騙或背叛這類卑劣的手段。總而言之，我們不妨將詭道重新理解為「善意的背叛」，也就是「驚喜」的意思。

惡意欺瞞絕非詭道

…上當了

以後也請您多多指教

孫子語錄
兵以詐立。

別這樣啦

可惡！你們公司竟敢騙我！

往後中止與貴公司的所有交易！

交易並非一次性的商業遊戲，而是需要長久經營。交易雙方彼此間的信賴關係非常重要，欺騙行為只會徒增損失。

詭道的具體例子，像是比預定日期更早交貨，提供超出對方意料之外的品質和服務。此外，恭維奉承的處事之道、為防招引嫉妒而低調謙虛、為了保護商業機密而擺出難以捉摸的撲克臉，或是根據氣氛與對象而改變態度等等，這些商業常見的手腕都是從詭道衍生而來的做法，更別提在政壇中更是天天上演。

詭道是善意的背叛

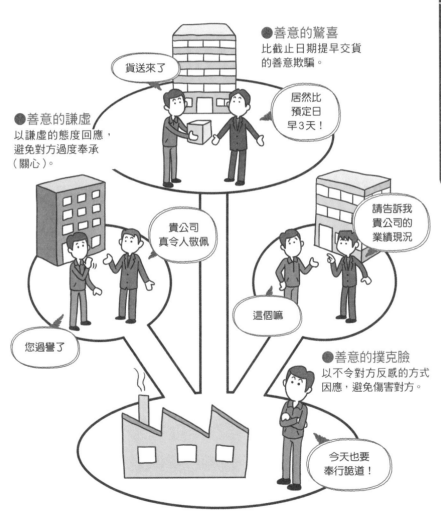

作戰原則

11

不依賴網路，
靠雙腳先馳得點

孫子在2500年前就深知情報的重要性。他那精準的洞視力，看似早就預見了現代社會的景況。

　　孫子常強調先敵人一步獲得情報的重要性，也就是所謂的「先知」。他認為情報是從人的身上獲取，而非仰賴占卜。古代的人們想要探知重要的情報時，通常會採用求神問卜的方式，而現代社會的情報來源多半來自網路，可是其中非相關領域人士提供的資訊占了絕大多數，可信度不免令人存疑；再加上所有人都能輕鬆瀏覽，幾乎沒有特別價值。

商業實力＝情報收集的能力

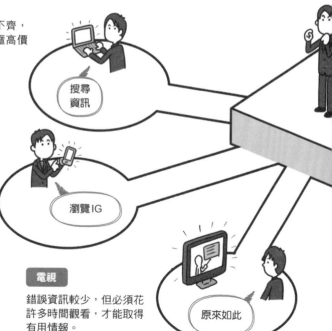

網路

網路資訊良莠不齊，不易取得具有極高價值的情報。

搜尋資訊

社群網路

情報的可信度雖低，卻能直接獲取個人的意見及感想。

瀏覽IG

電視

錯誤資訊較少，但必須花許多時間觀看，才能取得有用情報。

原來如此

孫子語錄

成功出於眾者，先知也。

如果想比敵人搶先一步，就必須從小道消息中探聽出機密情報。這類第一手情報，幾乎都是從「人」的口中打聽出來，這也是經營人脈為什麼如此重要的原因。現在雖然無法像孫子的時代，在戰爭時期僱用間諜潛入敵營直接收集情報，但我們可以透過參與跨業交流會等管道，來獲得獨家情報。

收集情報的工具

除了電視、報紙、網路之外，也能從各式媒體上取得情報。由於情報也能從人的口中打聽，因此也能將人視為一種媒體。

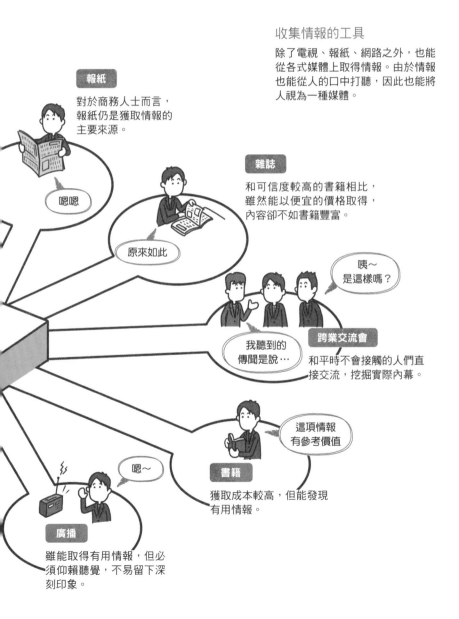

報紙

對於商務人士而言，報紙仍是獲取情報的主要來源。

嗯嗯

雜誌

和可信度較高的書籍相比，雖然能以便宜的價格取得，內容卻不如書籍豐富。

原來如此

咦～是這樣嗎？

我聽到的傳聞是說…

跨業交流會

和平時不會接觸的人們直接交流，挖掘實際內幕。

這項情報有參考價值

嗯～

書籍

獲取成本較高，但能發現有用情報。

廣播

雖能取得有用情報，但必須仰賴聽覺，不易留下深刻印象。

作戰原則

12

拋棄過去的成功法則

孫子再度以「水」來比喻，和第72頁的「無形」觀念相關，請讀者不妨參閱比對一下。

　　水流時而筆直，時而蜿蜒，無論地勢寬窄陡峭，無論水道如何縱橫交錯，河水都能順勢變化，奔流不息。水流不但柔和，軌跡也沒有絲毫浪費，可說是十分理想的狀態，孫子甚至用「神妙」來讚美這種作戰方式。坦白說，一般人很難理解這個道理，因為人類屬於恆定性生物，需要維持體內平衡，本質上並不喜歡變化。

如同河流變化無常

水從高處
往低處流

水的流動
變化莫測

時而筆直
時而蜿蜒

水從狹處
流往寬處

果真
神妙！

今天也要
繼續耕作

人類的本能
便是討厭變化

然而，水桶內的水儲放過久必然會腐壞，人類也是一樣，若總是不思改變，永遠也無法進步成長，企業這類組織亦然。如果公司沉溺在過去的成功經驗而安於現狀，就會欠缺彈性，喪失應變的能力。無論是工作還是生活，如果拘泥單一做法，遲早會面臨極限，可是只要抱持「順勢而為」的寬廣心胸，就能使事情順利推展。

缺乏流動必然腐敗

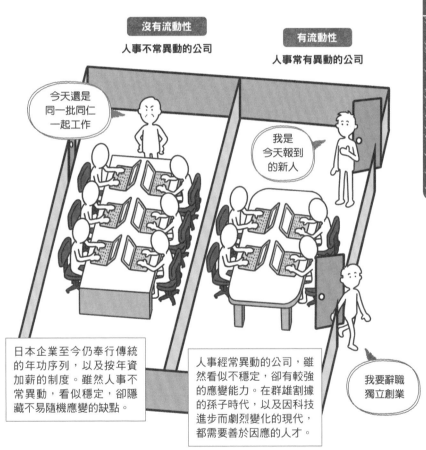

沒有流動性
人事不常異動的公司

有流動性
人事常有異動的公司

今天還是同一批同仁一起工作

我是今天報到的新人

日本企業至今仍奉行傳統的年功序列，以及按年資加薪的制度。雖然人事不常異動，看似穩定，卻隱藏不易隨機應變的缺點。

人事經常異動的公司，雖然看似不穩定，卻有較強的應變能力。在群雄割據的孫子時代，以及因科技進步而劇烈變化的現代，都需要善於因應的人才。

我要辭職獨立創業

孫子語錄
兵形象水。

作戰原則 **13**

五個關鍵，勝利呼之則來

在開始作戰之前，孫子提出五項堪稱「獲勝條件」的重要關鍵，下面依序以商業的角度來說明。

孫子提出贏得勝利的五大關鍵，以下將從商業的角度來轉向思考。①知可以戰與不可以戰者勝 → 分析局勢並予以正確判斷。②識眾寡之用者勝 → 思考組織規模、個人能力、預算等既有條件，綜合考量後制定最佳的作戰策略。③上下同欲者勝 → 打造絕佳的職場環境，使主管、下屬、同事、合作夥伴之間的溝通順暢無礙。

商業取勝的五大要素

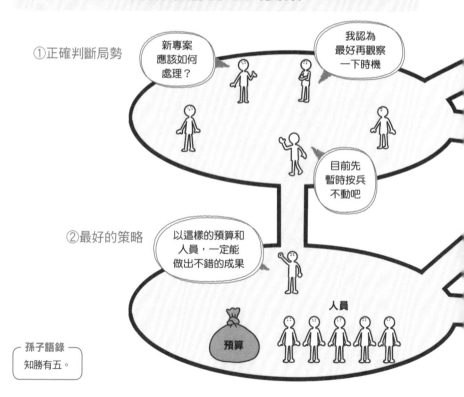

①正確判斷局勢

新專案應該如何處理？

我認為最好再觀察一下時機

目前先暫時按兵不動吧

②最好的策略

以這樣的預算和人員，一定能做出不錯的成果

人員

預算

孫子語錄
知勝有五。

④以虞待不虞者勝 → 事前模擬一切的可能性，等待時機一到，便能馬上加以因應。⑤將能而君不御者勝 → 無論委託何人做任何事，都要明確區分責任範圍和位階，將對的人擺在合適的位置上。孫子甚至斷言，只要我方具備上述的五項關鍵，交戰前便已形同贏得勝利。

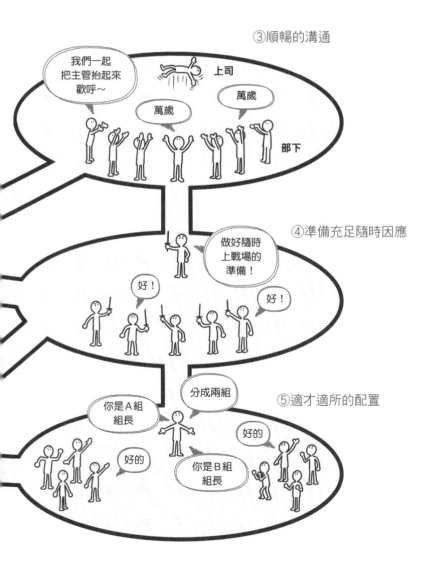

③順暢的溝通

上司

我們一起把主管抬起來歡呼～

萬歲

萬歲

部下

④準備充足隨時因應

做好隨時上戰場的準備！

好！

好！

⑤適才適所的配置

你是A組組長

分成兩組

好的

好的

你是B組組長

作戰原則

14

想像獲勝的情景，鞏固團隊向心力

這是和組織相關的領導能力理論，力爭上游的商務人士絕對不容錯過！也能提示該如何實現個人願景。

負責整合軍隊的指揮官（領袖）能力，對戰爭的勝敗能夠起到深遠的影響。孫子認為「善用兵者，修道而保法」，這也說明一位優秀的將領應該採取的行動。優秀的領導者必須讓成員了解該怎麼做才能成功，維持整個團隊的士氣，也能依循規則，以公平冷靜的心態做出評斷。在這樣的主管底下任事，想必下屬都能事半功倍。

孫子推崇的領袖形象

士氣高漲

這裡才是通往勝利的道路！

孫子語錄

善用兵者，修道而保法，故能為勝敗之政。

失敗之道

勝利之道

遵命！

遵命！

我很看好你的表現

謝謝您的誇獎

一針見血而且很客觀

一起努力吧

評價公正

有這樣的主管讓人幹勁十足啊

可是當我們單槍匹馬作戰時，又該如何執行呢？這時候就要想像達到最終目標的景象，制定出實現目標的規則。假設健康是此時的最終目標，那麼訂立的規則就是每天早起晨跑，若能持之以恆，也能有效提升自我管理的能力。《孫子》的深奧之處，就在於其中理念能應用於各個層面，這也是為什麼能持續數千年受到歡迎的原因。

自己就是自己的主管

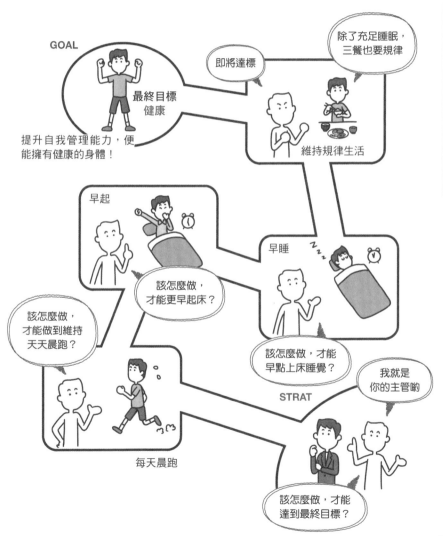

「風林火山」的
真正含義

　　日本戰國時代的武將武田信玄，可說是古代日本最知名的孫子兵法實踐者。信玄在軍旗上書寫「疾如風，徐如林，侵掠如火，不動如山」，這句話其實正是引用自《孫子》。這句話又能簡化為「風林火山」，但一般認為這四字成語是從井上靖的歷史小說《風林火山》而來。

　　孫子原文的風林火山是這麼描述的：「其疾如風，其徐如林，侵掠如火，不動如山。」這段話的意思是：軍隊移動時，應該像風一樣迅疾，像樹林一樣遲緩，像火一樣具侵略性，像山一樣穩固。除了這四個指標之外，接下去還有「難知如陰，動如雷震」兩句話，意思是祕密行動時，自軍要像陰雲一樣隱藏起行蹤，戰鬥時則要像雷電一樣激烈進攻。

chapter 4

建立沒有弱點的組織

無論是戰爭還是商業競爭，
都不可能單憑一人獨自作戰。
將領採取什麼行動、是否能和部下合作，
正是決定勝敗的關鍵。

建立組織
01

推倒妨礙上下溝通的牆

你是否常聽見類似「我們公司的業務部門，和製造部關係不好」這樣的話呢？放任公司這麼下去，不要緊嗎？

兵法書中通常記載一種傳統戰法，那就是「切斷敵軍聯繫，使其弱化」。從相反的角度來看，這也說明能夠緊密合作的軍隊實力堅強。軍隊是由指運官、士兵、先鋒、後衛、騎馬隊、步兵隊等許多小型單位所組成，因此團隊合作不可或缺。而在現代，無論是棒球隊、班級、公司等各種組織團體，團隊合作的重要性都不言而喻。

組織不可缺少向心力

緊密合作的狀態　　　　　　　　　一旦合作遭破壞…

這種產品賣得掉嗎！

是業務不積極！

業務部

製造部

分裂和內訌能夠輕易地弱化組織

會計部

研發部

我們具備良好的團隊默契！

業務部浪費太多錢！

研發經費不夠！

孫子語錄
古之所謂善用兵者，能使敵人前後不相及，眾寡不相恃，貴賤不相救，上下不相收，卒離而不集，兵合而不齊。

即便是同一公司的員工，不同部門和業務的人，也經常會出現彼此對立或互不往來的情況。如果領導者置之不理，久而久之就會形成內部崩潰的風險。不要讓不滿情緒持續累積，必須適度地釋放出來；會議討論時並非爭一時之氣，而是提出有建設性的意見。無法坐下來好好商量的組織，想要緊密攜手合作簡直難如登天。

建立有包容性的組織

建立組織

02

攻擊之前，
更要先鞏固防守

孫子告訴我們要重視防禦。就另一個層面來看，這個觀點和俗話所說的「盡人事聽天命」意思相通。

　　阿德勒心理學中提到，將對方的問題留給對方解決，自己專注在自己的問題上，因為只有當事人本身才能做好自我控制。這樣的觀點和孫子的「先為不可勝，以待敵之可勝」意義相近。孫子認為我們無法掌控敵人（他人），因此要優先做好自軍（自己）的工作。下面從商業的角度來舉例說明，讓各位有更深一層的認識。

消除弱點，趨近勝利

我是業務部業績最好的人！

A員工

我對數字很敏銳，但想贏過A的話，得加強業務能力…

B員工

業務能力

業務能力

我們無法改變他人，卻能改變自己，消除自己的弱點，尋求獲勝良機

孫子語錄
昔之善戰者，先為不可勝，以待敵之可勝。

假設公司長年和一家同業競爭，但對方的產品品質更勝自家公司一籌。既然知道自家的產品比不過對手，首先就必須針對這項弱點加以補強。不只如此，競爭對手的產品其實也隱藏著價格昂貴的劣勢，所以我方還要推出更實惠的產品。可是這裡要注意一點，如果競爭對手比我們更早一步補強，想要獲勝可就難上加難了，因此千萬別忽略準備的重要性。

不放過對方任何破綻

我們市占率業界第一！

一堆瑕疵品…

該產品品質不佳，先靜觀其變

找到破綻！

推出沒有瑕疵的產品反擊！

龍頭寶座被搶走了…

孫子主張要徹底做好防禦工作，待敵人出現破綻再發動攻勢；商業領域也是同樣道理

何謂虛？
存在於敵我雙方內部，反助敵人贏得勝利的敗因。

03 提振士氣，擊出逆轉安打

這是將領率領軍隊時必須熟記在心的心法。刻意將部下逼入絕境，若運用得當，可以發揮超乎想像的效果呢。

考試前一直提不起勁用功讀書，直到最後一刻才臨時抱佛腳，挑燈熬夜苦讀，沒想到竟然拿到高分，各位是否多少有過這樣的經驗呢？人類遇到危機時，能夠發揮意想不到的爆發力，這樣的現象就稱為「火場爆發力」。我們熟悉的成語「背水一戰」也是基於同樣的道理。孫子面對士氣低落的士兵時，就會利用這種方式來提高軍隊士氣。

絕境使人發揮全力

今天你們沒做完這些工作就自己跳下樓去！

好可怕！請儘管吩咐！

不知為何工作比平常更加順利！

人一旦失去退路，就能發揮潛在能力

孫子語錄

投之無所往，死且不北，死焉不得，士人盡力，兵士甚陷則不懼。

日本著名的戰國武將柴田勝家，原是織田信長的重臣，相傳他在元龜元年（1570）曾利用打破水瓶的方式激勵軍隊，最終打敗敵軍。他將自己逼到無水飲用的絕境，藉此提升眾家臣的士氣。當然其中也有人不認同這種做法憤而離開，也有人被這股破釜沉舟的勇氣與決心所折服。由此可見，領導者若想要採用這種做法，必須拿捏好分寸才行。

危機塑造一體感

建立組織

04 目標不只是平凡的勝利

高風險、高報酬固然有吸引力，但專業人士會採取更穩健的做法。
平時有玩股票或賽馬的人，一定能了解個中道理。

孫子對於一般人認為理所當然的事反而更加重視，他主張「在勝算高的情況下打敗敵人」。這句話看似平凡無奇，卻相當符合孫子的一貫風格。以高勝算為作戰的前提，換言之就是要降低風險。這種重視確實性的穩健做法，與其說其目的是「勝利」，反而較近似於「不敗」。戰爭（競爭）並非一次定生死，關鍵是必須踏實地獲得每一場的勝利。

以不敗為目標，踏實前進

A先生
平時都在做
哪些工作呢？

▲工作神祕兮兮，平凡不起眼的A先生

所謂的不敗之人，
是指工作不會出現失誤，
也沒有立下傲人功績，
行事作風穩健的人

根本錯得
一塌糊塗

A先生的工作
對我們太困難了！

▲A先生請假，造成公司一團混亂

孫子語錄
古之善戰者，勝於易勝者也。

此外，這句話還有一項前提，那就是必須具備洞悉「勝算高」的能力，職人的工作就帶給人這種感覺。正因為是專家，做得好是「理所當然」；但對職人來說，不過是一件平淡無奇的「例行事務」罷了。優秀的職人累積數十年經驗，即便技術廣受周遭肯定，仍會時時刻刻砥礪自己。理所當然般完成一項專業工作，事實上背後的技術遠遠超乎一般人的想像。

專家之所以稱為專家

建立組織

05

做好情緒管理， 克制衝動不失算

任何人都曾經有過感情用事而招致失敗的經驗吧？這正是孫子所說的「主不可以怒而興師，將不可以慍而致戰」。

人類在日常生活中會湧現各種情感，造成情緒起伏，因此有時會受到憤怒驅使而衝動行事，有時則因過度害怕而不知所措、躊躇不前。人類的理智一旦被一時的情緒吞噬，就會不考慮後果，不顧一切地盲目展開行動，最終導致計畫以失敗收場。因此孫子勸戒我們要「時常保持冷靜」，可惜的是，他並沒有提到相關具體的做法。

人類往往因衝動而失敗

意氣用事只會做出錯誤判斷，想要在競爭中脫穎而出，最重要的是保持冷靜的心

可惡、居然被部下背叛了！

孫子語錄

主不可以怒而興師，將不可以慍而致戰。
合於利而動，不合於利而止。

人類無法控制突然迸發的情感，「保持冷靜」這句話，並非要我們做事不帶任何情感，而是不能任由自己被情感所左右。如果感到憤怒、哀傷或恐懼，不妨盡情大喊，或是一一書寫下來，便有助於將積壓的情感完全釋放出來。順帶一提，像是正念療法等冥想方式也能達到不錯的效果，請各位找出適合自己的紓壓方式。

常保冷靜的方法

抑制怒氣的訓練法

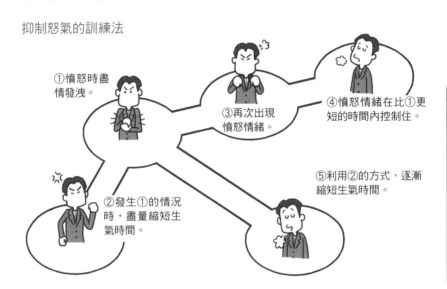

①憤怒時盡情發洩。

③再次出現憤怒情緒。

④憤怒情緒在比①更短的時間內控制住。

⑤利用②的方式，逐漸縮短生氣時間。

②發生①的情況時，盡量縮短生氣時間。

正念療法

①輕輕閉上雙眼，伸展背部，身體微微晃動，找出身體的重心。

②緩緩地吸氣和吐氣，將意識集中在呼吸上。

③重複步驟②，呼吸約5分鐘。

建立組織

06

先求勝利，再求一戰

「意象訓練」如今已成為體育界的常識，然而孫子早在西元前就意識到意象訓練所帶來的效果。

眾所皆知，奧運金牌得主或美國大聯盟知名的棒球選手，比賽前都會在腦海中描繪自己以最佳狀態出賽的景象，從而在實際比賽中完美呈現。事先想像自己所期望的結果，便能大大提升期望化為事實的機率。孫子也曾經說過相同的話：「勝兵先勝而後求戰，敗兵先戰而後求勝。」

想像勝利的一瞬間

業務員會在正式推廣業務之前，討論流程並實際推演。
可見作戰前的勝利想像非常重要。

當天對方應該會提出這些資料

按照這個劇本來看，對方應該提出這些問題

客戶端負責人生日快到了

孫子語錄
勝兵先勝而後求戰，敗兵先戰而後求勝。

根據京瓷公司前董事長稻盛和夫的說法，腦海中的影像如果從黑白的靜畫，變成帶有色彩的動畫，就代表想像的情景已經離現實不遠了；但若無法想像出具體的形象，就表示目前時機尚未成熟，可見優秀的領導者會慎重面對勝敗。當有機會獲勝時，就要確實地將勝利收下，這就是孫子殷切期盼的事。

確實贏得有勝算的戰爭

我搶走客戶囉！

客戶還給我！

成為大型企業的特約廠商，使企業穩健成長。

鎖定品質和服務尚未完善的競爭對手企業，搶走對方的客戶。

貴公司日後就是本公司的特約廠商

所謂完美的勝利，是指贏得理所當然，而非戲劇性的勝利

在夾縫中求生！

即便有大型企業加入，仍能在利潤微薄的利基市場（夾縫間）一較高下。

建立組織
07

邁向成功目標的五個指標

大家都知道看穿敵方實力的重要性，可是具體上該怎麼做呢？

比較自己和對方的戰力，在確信己方能獲勝的情況下才開戰，此乃「兵法」的基本原則。孫子認為「一曰度，二曰量，三曰數，四曰稱，五曰勝」，乃是打贏戰爭的訣竅。根據戰場的位置和面積（度），決定應該投入的物資（量）和必要的士兵人數（數），透過這些配置，與對手之間的拉開戰力差距（稱），便能計算獲勝的機率（勝）。

贏得勝利的五大條件

孫子提出比較敵我雙方情勢的五大重要因素：度、量、數、稱、勝，也能套用在商業領域。只要遵循這些流程，勝敗顯而易見。

量

在孫子的時代為糧食產量的調查。

度

在孫子的時代為領土面積的調查。

從企業的角度來看，度、量、數分別為市場調查、成本計算、人員配置。也就是與其他同業相比，我們可以透過這些差距來預測有無勝算。一般來說，這些都是企業高層需要思考的項目，對於製造業和物流業更是重要。「不打沒有勝算的戰爭」乃是孫子一貫的作風，這一點也能應用在決定志願學校，或是取得證照等目標的設定。

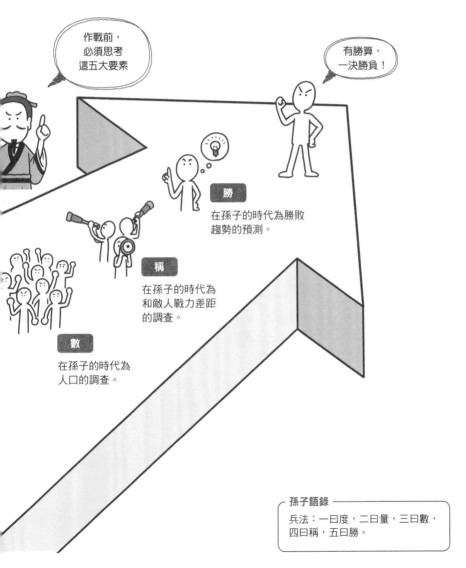

作戰前，
必須思考
這五大要素

有勝算，
一決勝負！

勝

在孫子的時代為勝敗趨勢的預測。

稱

在孫子的時代為和敵人戰力差距的調查。

數

在孫子的時代為人口的調查。

─ 孫子語錄 ─

兵法：一曰度，二曰量，三曰數，四曰稱，五曰勝。

建立組織
08
專業源自於
每一天的基本練習

如果能靈活運用「正」和「奇」兩種戰術，不論對手使用什麼樣的作戰策略，我軍都能充分因應而不至於落敗。

　　天才畫家畢卡索的畫，曾被批評為「有如孩童的塗鴉」。然而事實上，從未學習繪畫技巧的孩童，根本無法畫出如此精妙的畫作；只有學會素描這類基本技術的人，才能想出如此特立獨行的創意。作戰方式也是一樣，只會靠正面迎戰取勝的軍隊，絕不會想到奇襲作戰；突然締造出驚人成績的運動選手，也都是忠於基礎動作才能做到。

正和奇兩種戰術

孫子曰：「三軍之眾，可使必受敵而無敗者，奇正是也。」
這也能應用在商業領域當中。

您好，我是○○物產的業務

嗯，我記住你了

靈活運用正和奇兩種戰術，就能產生無限多種作戰方式

正法

你真上道！

我去跑業務囉～

小小禮物不成敬意

奇策

首先，要完成一般人都能做到的基本事項。就商務人士而言，基本事項是指問候、報告、連絡、商議等基本禮儀和商業用語等基礎知識。如果能徹底活用這些基礎知識，自然就能奠定個人風格。即便有固定的個人形式作風，有時也能視不同場合，採取有別於以往的做法，這樣就是最理想的作戰方式。

前提是向經驗學習

商務人士都要
讀過彼得·杜拉克
的著作

職場的基礎是
報告、連絡、相談

報 連 相

挑球是足球的
基本練習項目

只要了解固定模式，
無論對手採取
正面進攻或奇襲，
都有辦法因應

孫子語錄
三軍之眾，可使必受敵而
無敗者，奇正是也。

113

建立組織

09

正面迎戰，
輔以奇策取得勝利

如果敵我雙方戰力旗鼓相當，兩軍「正面迎戰」，局勢僵持不下時，就是「出奇制勝」的最佳時機。

　　孫子曰：「凡戰者，以正合，以奇勝。」旗鼓相當的兩軍勢力，若是依照一般方式作戰，有可能會形成戰局膠著的情況，這時就要發動奇襲來打破僵持不下的局面。相傳日本源平合戰的關鍵戰役「一之谷之戰」中，源義經率領部隊行經鵯越山，驅馬衝下斷崖，從平家大軍的背後發動奇襲，堪稱是日本史上最有名的奇襲作戰。

判斷敵我關係，正奇戰法二擇一

不過，奇襲戰術只限使用一次，因為有前例可循的策略已稱不上是「出其不意」；一旦重複使用，遭到其他人的模仿，反而成為一種固定戰術，所以當下次使出奇招時，必須是超越上回的全新創意才行。別執著於輝煌的過去，別害怕不斷改變，讓心中常存多元化的視野和挑戰精神。

孫子語錄
凡戰者，以正合，以奇勝。

建立組織

10

組合作戰策略，
變化再變化

第112頁介紹的「正」和「奇」兩種戰術，讓我們再透過孫子的說明，深入探討具體的定義吧。

如前所述，戰術分為「正」和「奇」兩種。然而孫子卻以音階、顏色、味覺為例，主張「聲不過五，五聲之變，不可勝聽也；色不過五，五色之變，不可勝觀也；味不過五，五味之變，不可勝嘗也」。他又強調「戰勢不過奇正，奇正之變，不可勝窮也。奇正相生，如循環之無端」。為了方便讀者了解，我想在這裡重新定義一下正和奇。

「正」和「奇」並非絕對對立

麥可傑克森的成功，使舞蹈不再被視為「奇招」，勁歌熱舞變成歌手「正統」的表演方式

正　美聲

奇　月球漫步等舞步

麥可‧傑克森靠「奇特」的舞蹈和「正統」的美聲，擄獲全球歌迷的心。

孫子語錄
善出奇者，無窮如天地，不竭如江海。

「正」是固定的模式，或是稱作王道和定理，也就是進攻時我方能預測「這種情況該採取何種應對方式」。相反地，讓人出乎意料的做法，就是所謂的「奇」。對防備偷襲的敵軍發動奇襲時，若行動模式早被對方摸得一清二楚，奇襲就反而變成正統的作戰行動了。總而言之，作戰策略會在正 → 奇 → 正 → 奇之間不斷循環，因此孫子告訴我們要同時使用兩種策略，不能偏重一方。

「正」和「奇」相互組合

建立組織

11

把每一次的危機化為轉機

這個單元會探討提振部下士氣的技巧之一，另外大家也可以參考第102頁的做法。

在強調軍隊士氣的「兵勢篇」當中，有句話是這麼說的：「善戰人之勢，如轉圓石於千仞之山者，勢也。」孫子非常重視軍隊的「氣勢」，一旦氣勢成形，即使是形狀有棱有角的石頭，也有辦法推動這顆石頭像球一般自行滾動。站在企業的角度來看，也就意指能夠充分提振下屬工作的熱情，才稱得上是優秀的主管。

將危機化為氣勢十足的動能

人類本質上是一種懶惰的生物，只要處於安定的環境下，就會停止行動；這個時候若能營造出危險局勢，就等同注入一劑強心針。人一旦感受到緊張，想法就會從「保持現狀就好」變成「這樣下去可不妙」，這麼一來，不僅能發揮意想不到的能力，還能迸出不錯的點子。然而，真正面臨緊急事態時，通常局勢為時已晚，因此最好及早開始行動。

時時發揮能力的方法

時時抱持緊張感，
解決當前難題。

我會守護這家公司

重點不在於主管自身的實力，而是營造氣勢、激發潛能

讓我們同心協力！

本公司業務能力較差，必須全力以赴

調查問題點，
迫使自己採取行動。

激勵組織成員的士氣。

建立組織

12

使個人目標成為全員的共識

前面已經介紹過，孫子相當重視團隊合作的重要性。那麼「金鼓旌旗」在團隊合作中究竟扮演著什麼樣的角色呢？

　　在孫子的時代，是靠鐘、鼓、旗、幟作為部隊間連絡的手段，孫子將這些道具稱為「金鼓旌旗」，相當於現代社會的智慧型手機和電腦。使用這些道具的目的，可以從「金鼓旌旗者，所以一人之耳目也」這句話看出；換言之，是為了讓士兵的注意力集中在一處。從企業的角度來思考，就是讓所有從事相關工作的人員具備相同的意識，也就是促使所有人擁有共同且唯一的目標。

有效提升夥伴意識

除了本月業績這類短期共同目標之外，也要放眼未來，訂立十年、甚至百年後的長期願景。例如在辦公室的牆上或餐廳廚房張貼「顧客至上」等經營理念的標語，也是凝聚員工共識的一種方法。倘若企業欠缺這類目標，員工就容易變成一盤散沙，士氣也會一蹶不振。讓目標變得更明確具體，就能有效推動願望實現。

讓所有人知道工作目標

三國梟雄曹操
其實和孫子關係匪淺？

　　曹操是《三國演義》的要角之一。當漢朝進入群雄割據時代，天子權力名存實亡，身為漢室朝臣的曹操，在大大小小的戰爭中勢如破竹，成為一方之霸。曹操意欲一統天下，但卻於赤壁之戰遭孫權和劉備的聯軍擊敗，後來形成由曹操的魏國、孫權的吳國、劉備的蜀國分庭抗禮的三國時代。事實上，曹操和《孫子兵法》有著密不可分的關係，我們現在閱讀的《孫子》共分為三篇，這個架構正是由曹操確立下來。《孫子》在作者孫武去世之後，不斷經過後人修改，到了曹操的時代，內容已大幅增至82篇，後來經過曹操的編纂，才恢復為近似《孫子》原本的風貌。曹操不但是一位優秀的武將，文化涵養也相當深厚，他對《孫子》原文的注解，在後世學者研究中一致公認非常具有價值。

chapter 5

臨機應變的作戰思考

戰場局勢無時無刻都在變化，

為將者必須具備正確的判斷能力。

本章將介紹孫子所傳授的戰略，

幫助各位靈活思考。

戰略

01

從位置著眼，選定最能發揮的戰略

軍隊的行動方式，必須根據戰場的狀況適時調整。試著從商業的角度，來思考孫子提到的五種地形和戰術。

　　孫子所說的「地形」，是指我方現在正身處在何種環境當中。孫子大致分為敵軍入侵本國領地導致軍心渙散（散地）、自軍進入敵國領地內而感到不安（輕地）、和許多敵人對峙（爭地）、援軍不多但戰略意義深遠（衢地），以及深入敵方領土可能發生不測的情況（重地）。孫子強調，隨著地形的不同，我們也必須採取不同的態度和行動。

商業領域的五種地形

散地

成功完成
一筆大交易
順利升職

別在意，
我很看好你

因同事升職
而不安，
找主管訴苦

非常感謝您

深感壓力而無法集中
精神工作時，應該找
前輩或主管商量。

輕地

趕不上生產進度，
由當地員工負責
面試人才

這個國家
不流行
加班文化

可以接受
加班嗎？

Yes！

當一直以來的業務方
法不適用時，必須留
住願意協助的人才。

舉例來說，「輕地」很符合日本企業拓展海外市場的情況。由於各國的業務情況不同，勢必得配合該國的文化制度和風俗習慣，只是一味抱怨該國的職場文化和日本不同也於事無補。無論身處於何種環境，要先讓自己學著接受，再根據環境的特徵和條件，思考能讓自己更具優勢的方法。總而言之，既然無法改變環境，自己就要做出改變才行。

智慧音箱拍賣會

爭地

本公司產品最好

本公司重視外觀設計

本公司該怎麼做？

我們的比較好

A公司　B公司　C公司　D公司

E公司

當出現許多競爭對手時，觀察情況、冷靜判斷非常重要。

我們先觀察，等競爭不激烈時再加入

衢地

速食
開幕

大企業

想經營餐廳先過我們這關

直接和大型企業交涉比較快

麻煩將資料送到製作部

重地

總之只能努力工作

正巧人手有點不足

不知道為什麼被丟了其他部門的工作

大型企業的子公司有意見，導致業務始終無法順利進展

小角色會對背後的大人物言聽計從，和大人物直接交涉，才能盡早推動工作。

想要在工作上擁有寬闊的視野，最好帶著毅力和恆心，挑戰和自己不相關的工作。

孫子語錄

孫子曰：用兵之法，有散地，有輕地，有爭地，有交地，有衢地，有重地，有圮地，有圍地，有死地。

戰略 02

掌握三支箭，
活絡組織持續升級

孫子的話有時會讓人摸不著頭緒，比方「亂生於治，怯生於勇，弱生於強」，這句話的意思是什麼？

　　光影交替，猶如地球上的日夜變化，乃是這個世界不變的常理。紀律嚴明的組織，也會有秩序瓦解、陷入混亂的一天；無所畏懼的人也有可能變得畏首畏尾，強項也有可能會變成弱項，所以千萬別輕忽大意。孫子有云：「治亂，數也；勇怯，勢也；強弱，形也。」他主張以數（統治力）、勢、形（態勢）這三項要素來因應情勢變化。

數、勢、形，重振組織的三支箭

例如當公司業績一路長紅時，員工就會得意忘形而驕傲自滿，開始忽略一些瑣碎的細項。這樣的驕傲心態會引發意想不到的失誤，繼而致使組織基層缺乏應變能力，資深員工占缺不放等問題。無論是領導者還是一線人員，都不可輕忽時時檢視自我的重要性，不斷反省，持續改善、改革。孫子主張唯有養成不厭其煩的習慣，方能隨時且立即地因應變化。

捨棄傲慢，反省不足

孫子語錄 ———
治亂，數也；勇怯，勢也；
強弱，形也。

戰略 03

逃跑之勇有時也必要

逃跑雖然帶給人懦弱的印象，但有時盡早撤退，總比魯莽作戰浪費無謂戰力還要來得好。

一九九五年上映的強檔鉅片《阿甘正傳》，當阿甘即將派往越南打仗前，他的戀人珍妮對他說「逃命要緊」，這句話促使阿甘得以從美軍屢屢受挫的越戰中平安歸國，最後成為大富翁，過著幸福圓滿的生活。反觀在太平洋戰爭末期的日本軍隊，明知情勢已難以挽回，卻自暴自棄不斷派出特攻隊，最終白白犧牲許多年輕的生命。

正面迎戰並非上策

孫子的「兵法」並非精神哲學，不會特意美化戰死的行為，「積極撤退」才是孫子的主張。當面對實力過於強大的對手時，與其魯莽發動戰爭，導致無數生命無故犧牲，倒不如暫時撤退重整旗鼓。在脫離競爭這段期間其實能做到不少事情，例如重新規劃戰略、更換人員、重編預算等，以圖東山再起的機會。

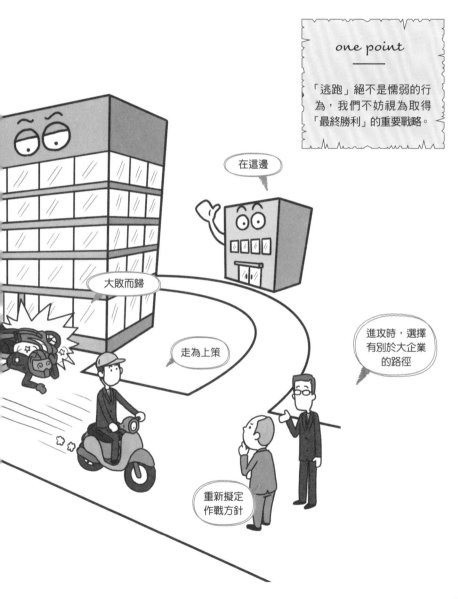

one point

「逃跑」絕不是懦弱的行為，我們不妨視為取得「最終勝利」的重要戰略。

在這邊

大敗而歸

走為上策

進攻時，選擇有別於大企業的路徑

重新擬定作戰方針

戰略
04
不要遷就於人，
工作態度由你決定

各位是否遇過明明很重視團隊合作，卻反而被他人不斷介入干涉決策的情況呢？想要贏得勝利，就必須保持自己的節奏。

孫子裡面有一句話：「善戰者，致人而不致於人。」其中，「致」代表能隨心所欲地操縱、控制、利用的意思。確實，在遭到敵人操控的狀態下，要打贏戰爭可說是不可能的任務，然而人生中遇到的對手並非只有敵人，比如身邊的人提出善意的建議和意見，抑或周圍的混亂和突發狀況，這類「遭致」的情況並不罕見。

遭到何人、何事影響

日本人富含同理心，善於觀察周遭情況，因此往往會以其他人為優先，將自己擺在後面順位。這也就是為什麼會形成早早完成自己的工作，卻因為同事仍在加班，而遲遲不敢先下班的職場常態。如果自己的意見和多數人不同，也會選擇沉默以對。一旦像這樣克制自己的行為，最後就會什麼事也做不好，因此必須對敵我雙方充分表達自我的主張，不讓他人搶走工作的主導權。

充分掌控自己的節奏

孫子語錄 ─
　善戰者，致人而
　不致於人。

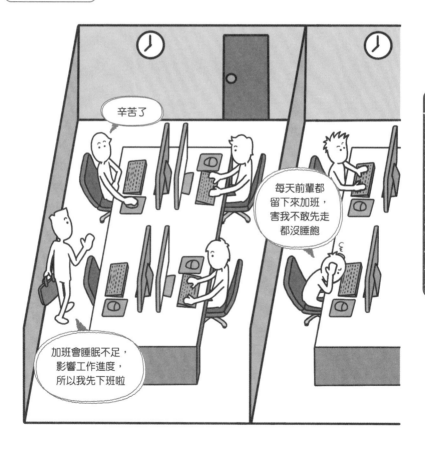

戰略

05

誘使敵人先露出破綻

《孫子兵法》中幾乎都在描述「避免落敗」的方法，而這種超出敵人預期的作戰方式，執行起來似乎有些輕鬆（？）。

孫子曰：「始如處女，敵人開戶；後如脫兔，敵不及拒。」這句話不禁讓人聯想到弱不禁風的新聞記者克拉克・肯特變身為超人的瞬間。我們要在競爭對手接近時，避免展露自己強大的實力，以防無故挑起對方的競爭心態，否則便會違背兵法中「不樹立其他敵人」的根本精神。不如以謙虛的態度，誘使敵人露出破綻。

避免暴露強大實力

凡事都能堅持到最後

我的工作能力很強，什麼都難不倒

工作太多，亂成一團，早知道就不吹噓自己的能力了

兩位說說看有什麼優點？

孫子語錄

始如處女，敵人開戶；後如脫兔，敵不及拒。

假設和其他競爭同業有對話的機會，此時要避免主動搭話，徹底當一名聆聽者即可。擔任聆聽者的角色，可說是卸下對方心防的基本溝通能力之一。靜靜等待時機，對方遲早會不經意地洩漏祕密情報，趁此時機再有如「脫兔」一般快速採取行動，就能從中獲得利益。當然，平時也必須做好準備，才能瞄準時機，即時出手行動。

作戰亦講求演技

戰略

06

不想正面交鋒，
就迂迴致勝

不願意正面迎戰，卻又沒有「逃跑的勇氣」（p.128）時，這時候我
們又該如何因應呢？

　　各位小時候，應該都玩過在地上畫線，阻止朋友接近或越界的遊戲吧？孫子告訴我們也可以透過同樣的邏輯避開敵人鋒芒，迴避雙方正面交戰。畫線做出區隔，讓對方誤判以為這是「敵人的據點」而不敢貿然前進，但實際上我軍正移往其他地方。換言之，擾亂敵人思緒、誘導敵人做出錯誤的判斷，這才是佯攻作戰的目的。

分散敵人的注意力

和競爭對手企業的員工閒聊

本公司計畫
在高級市中心打造
一座摩天高塔

太驚人了

實際上是
跨足其他事業，
誘使對手因應
這項虛構計畫

誰可以偷偷
透漏一下目前
有哪些有趣的
計畫？

孫子語錄
我不欲戰，雖畫地而守之，敵不得與我
戰者，乖其所之也。

沒想到市中心
有這種地方…

　　佯攻作戰又稱為「蘭徹斯特法則®（※）」，在行銷理論中，這是著名的以弱勝強戰略。小型企業最好掩飾內部情況和真實意圖，將經營資源集中在讓競爭對手嚇破膽的服務或產品上。如果市場規模不大，甚至有可能靠這個經營戰略贏過大型企業。為了在商業競爭中脫穎而出，佯攻作戰的準備相當重要。

打倒強敵的迂迴戰法

07 不東做西做，
只鎖定做好一件事

全力以赴努力工作，卻完全感受不到任何成果時，就有可能是將注意力擺在不重要的工作上。

有時不費吹灰之力就能有效達到目的或贏得勝利，有些敵人不須採取攻勢就能得勝，也有城池不必打就能輕易拿下，這也就是為什麼逃跑或欺敵戰術能夠有效發揮的原因。如果從商務人士的角度來看，上述的道理可以理解為「對自己毫無意義、無法帶來利益的業務，根本沒有執行的必要」。

列出不必做的工作清單

至於在職場上，難免會遇到其他人提出不合理的要求，實在難以拒絕的情形，可是孫子卻悍然主張：「將不聽吾計，用之必敗，去之。」這代表不論最後選擇接受或拒絕，都要秉持正確的動機。如果動機只是基於單純想偷懶，或是害怕惹惱主管，這樣的拒絕理由實在令人難以接受。希望各位能以「公司整體利益」為出發點，分辨哪些命令必須遵從，哪些可以拒絕。

拒絕毫無利益的無理要求

只要沒有增加工作量，就能按預定時間完工

即便是主管指示也要勇於拒絕

總公司指示，希望能盡快做出20間廁所

根本用不到那麼多間廁所吧…

根據目前的工作量無法達成，況且下屬已疲憊不堪，請容我拒絕

總公司希望盡快安裝銅像

突然這麼說太強人所難～

既然是總公司指示只好硬著頭皮上了

孫子語錄
途有所不由，軍有所不擊，城有所不攻，地有所不爭，君命有所不受。

戰略 08

任何作戰都需要安全的據點

軍隊的屯駐地，從商業的角度來看就是辦公室。營造良好的工作環境，此乃古今不變的勝利基礎。

　　孫子認為，通風良好和溫暖的環境，可說是舒適屯駐地的必備條件。他主張要讓士兵身處在舒適環境裡，才能獲得充分的休息。軍人的身體就是最大的本錢，不容許放任士兵待在危害健康的環境當中，這點可以說和現代商務人士的情形一模一樣。打造舒適的職場環境，讓員工的身心保持在良好狀態，維持足以應付作戰的體力和精力。

打造舒適的職場環境

各種職場騷擾如今已然形成社會問題，不僅身體上的健康，精神方面的照護也成為當今企業的課題。打造舒緩壓力的工作環境，例如彈性工時、提供有薪假、導入內部諮商等等，乃是經營者的基本責任。同時每個員工也有義務做好自我管理，常有睡眠不足、飲食過度、抽煙、缺乏運動等問題的人，都應該自我警惕，確實改善。

確實做好自我管理

想在商業競爭中贏得勝利，領導者不僅應提供良好的工作環境，每個人也都要做好自我管理，使身心維持在良好狀態。

自我管理

避免飲酒過量

三餐規律

充足的睡眠

避免飲食過量

提供有薪假

適度運動

導入彈性工時

工作環境

導入內部心理諮商

孫子語錄
軍好高而惡下，貴陽而賤陰，養生而
處實，軍無百疾，是謂必勝。

從健康與環境著手，
為勝利做好準備

戰略

09

像水一樣，
常保靈活的應變能力

凡事都不能墨守成規，因為工作隨時都可能出現變化。別因此而驚慌失措，調整心情，以從容的態度面對。

在第三章曾介紹過「兵形象水」（P.91），這句話的下一句為「水因地而制行，兵因敵而制勝」。倘若在登山中遇到天候不佳，與其冒著生命危險強行攻頂，更改預定行程前往避難才是明智之舉。不輕易更改既定行程雖然不是一件壞事，但若是按原訂計畫執行會產生風險時，最好就要停下腳步，改變原本的想法。

隨機應變才是不敗之策

客戶的需求，就如同山上的天氣一樣陰晴不定。會議日期變更、電車因颱風影響而停駛，各種微不足道的小事總會突然發生，改變行程在商業活動中可以說是家常便飯。因此我們絕不能在決定好的事情上過度堅持，必須保持隨時改變行動的彈性。孫子不斷苦口婆心告訴我們，迅速做出彈性因應，便有助於贏得勝利。

搭乘的計程車發生交通事故，只好步行前往

車禍造成塞車，原本平時都走路，今天改搭地鐵

遵守預定行程固然重要，但不可不知變通，必須柔軟因應

孫子語錄
水因地而制行，兵因敵而制勝。故兵無成勢，無恆形。

10

預備多種方案，貫徹到底

著名的「風林火山」一詞，為武田信玄的軍旗旗號，這個詞便是源自《孫子兵法》。究竟原本的意思是什麼呢？

「風林火山」堪稱是日本史上最帥氣的標語之一，其實在《孫子》裡，整句話為「風林火山陰雷」。這句話的意思是，軍隊進攻時應像風一樣迅疾，待機時像林一樣安靜，要像火一樣一鼓作氣發動攻勢，像山一樣穩固毫不動搖，像陰雲一樣讓對方難以捉摸，像雷電一樣急襲難防。將領一旦決定採用哪種戰術，就要貫徹到底。

職場的風林火山戰術

孫子的「風林火山陰雷」也能應用於商業領域當中，
下面以準備投入某個市場的A公司為例。

我們要打入市場！

這樣啊

進入市場為時尚早，等待時機成熟

山

社長對進入市場採取觀望態度，等待時要像山一樣沉穩。

隱

即便有其他企業進入市場，仍要靜觀其變，有如消失在黑暗中。

現況原來是這麼回事

林

如林一般悄悄地調查市場。

假設現在有許多抽屜，打開時就要全部打開，關閉時就要完全關閉，最糟糕的是不知道是開是關，抽屜只拉開到一半的情況。我們必須學會動靜皆宜、收放自如的行動模式，例如製作文件時，就要一口氣製作完成，別一邊腦袋放空想著要吃什麼午餐、一邊心不在焉地製作，持續累積這樣的練習非常重要。

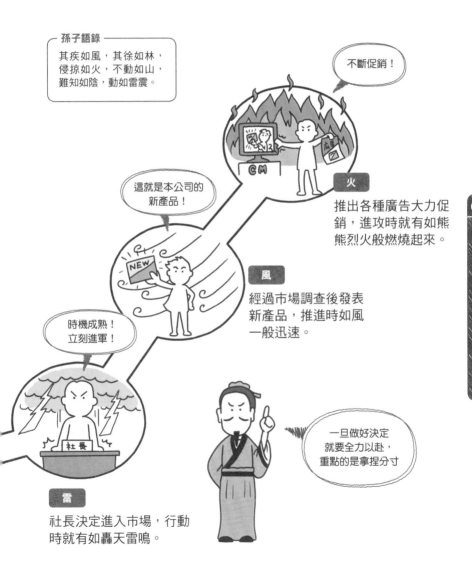

孫子語錄

其疾如風，其徐如林，
侵掠如火，不動如山，
難知如陰，動如雷震。

不斷促銷！

這就是本公司的
新產品！

時機成熟！
立刻進軍！

火

推出各種廣告大力促
銷，進攻時就有如熊
熊烈火般燃燒起來。

風

經過市場調查後發表
新產品，推進時如風
一般迅速。

雷

社長決定進入市場，行動
時就有如轟天雷鳴。

一旦做好決定
就要全力以赴，
重點的是拿捏分寸

戰略

11

洞穿敵人外表下的
真實內心

欺敵技術固然重要，但防詐技術也同樣不可小覷。真實往往隱藏在
表面之下。

在孫子的時代，戰爭時會派遣使者到交戰對手的駐紮陣營交涉。孫子認為，敵方軍師若是以謙卑態度回應，就代表對方正在做攻擊的準備；反過來說，如果對方態度強硬，則代表對方有撤退的打算。從商業角度來看，如果競爭對手的業務員以輕鬆的態度主動前來攀談，極有可能是因為內心不安，所以才主動上前打聽消息。

從態度察覺背後的本質

雖然充滿
自信…

本期的業績
應該不會
再輸給Ａ公司

從對方的立場思考
就能察覺真正的想法

但上次我們
差點就輸了，
不免有些擔心…

孫子語錄

辭卑而益備者，進也；辭強
而進驅者，退也。

也就是說，我們絕對不能以貌取人。光看表面就輕易下定論，很容易在和競爭對手交涉的過程中吃虧，或者導致人際關係變得複雜。想要看穿對方的真實想法，前提是必須具備敏銳的觀察力、想像力和直覺，千萬別放過對方發出的任何細微訊號，比方說話語氣或瞬間表情變化。只要感到有「絲毫不對勁」，不妨相信自己的直覺吧。

看穿對手的微觀察術

平時仔細觀察對方的一舉一動，自然就能知道對方的真實心聲會以什麼樣的形式表現出來。

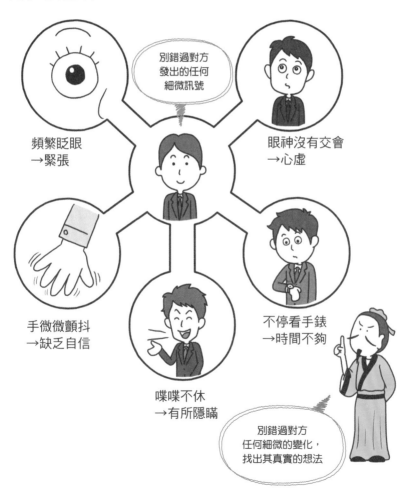

別錯過對方發出的任何細微訊號

頻繁眨眼
→緊張

眼神沒有交會
→心虛

手微微顫抖
→缺乏自信

喋喋不休
→有所隱瞞

不停看手錶
→時間不夠

別錯過對方任何細微的變化，找出其真實的想法

「孫子兵法」是在
什麼背景下寫就？

　　《孫子》相傳是在西元前五世紀時，將孫子的
兵法集結撰寫成書。值得一提的是，當時紙張尚
未發明，因此《孫子》的全文是書寫在細長的竹
片上，再用繩線將竹片串連在一起，這種書籍形
式便稱為竹簡。西元前五世紀，也就是距今約兩
千五百年前，中國時值春秋時代，當時除了《孫
子》的作者孫武之外，名盛一時的人物還有思想
家老子，以及以《論語》著稱的孔子等人。細
數中國古老的王朝時代，最早的王朝殷商被周取
而代之，周朝在春秋時代式微，各諸侯國勢力群
起，彼此間相互攻伐。《孫子》的作者孫武，在
群雄紛爭之際，以將領之姿率領吳國稱霸一方。
由於時勢所趨，人們迫切需要在戰爭中取勝的戰
略，《孫子》便在此時應運而生。

chapter 6

成為領袖的必要資質

在戰爭求取勝利，
率領三軍的領導能力不可或缺。
第6章將介紹領袖的必要資質，
並試著運用於商業領域。

領袖的資質
01

團結眾人，更勝單打獨鬥

對於指揮官來說，營造軍隊氣勢是最重要的任務之一。首先教大家幾項值得多花心思注意的關鍵。

在整篇《孫子兵法》中，孫子特別強調團隊合作的重要性。孫子重視整個軍隊的氣勢，更甚於士兵個人的作戰能力。工作場合上凝聚整個團隊，就能做到獨自一人無法完成的大型專案。當整個軍隊士氣高漲時，也能促使實力較差者努力奮戰，正因為如此，帶領整個團隊的領導者，便沒有必要特別在意個別下屬之間的能力差異。

團隊 > 少數菁英 > 個人

one point

不論戰爭或商業競爭，未必只有具備優秀成員的團隊才能獲勝；唯有團結一心、發揮強大力量的團隊，才有機會脫穎而出。

二〇一八年俄羅斯世界盃足球賽上，阿根廷和葡萄牙國家隊的陣營中，分別有梅西和C羅等一流球星助陣，可是兩隊卻雙雙在十六強止步。一般認為，過度依賴明星選手才是導致球隊失敗的主要原因。雖然有實力堅強的成員加入是一件好事，但一味仰賴這些人的才能，反倒會對團隊造成危險。身為領袖，必須盡力營造出團隊的合作氛圍。

孫子語錄

善戰者，求之於勢，不責於人，
故能擇人而任勢。

領袖的資質

02
神祕領袖贏得尊敬，親和領袖失去民心

提到強大軍隊的指揮官，不免讓人聯想到會嚴厲對待下屬的「魔鬼教官」，可是孫子卻對此有不同的見解。

根據孫子的描述，優秀的領導者擁有「沉著穩重」和「鋒芒不露」兩大特質。身為團隊的領袖，必須具備展望未來的能力，如果和下屬的思考模式相同，就不配成為一位領導者了。正因為領導者的腦中始終思考一般人無法理解的長遠之事，即便多說也無助於下屬了解，只要帶領團隊朝正確的方向前進，將來就能贏得下屬的信賴。

領袖會放眼未來，採取行動

舉例來說，優秀的領袖應該要避免分享長期專案計畫，或是人事異動構想等相關的情報。因為這些重要的情報，很有可能不小心被下屬洩漏出去。團隊合作固然重要，但沒有必要分享所有事情，唯有讓下屬感到「雖然不清楚那個人的想法，但跟隨他肯定不會有錯」的人，才稱得上是一位優秀的領袖。

無論如何都要信任領袖

○糟糕的領袖

○優秀的領袖

孫子語錄
將軍之事，靜以幽，正以治。

領袖的資質

03

優秀領袖會將部下過失視同自己的過失

具有領袖氣質的主管，一定會說出「所有責任由我來承擔」這句帥氣的台詞。優秀的領袖至少要有這種程度的覺悟。

孫子認為，士兵脫逃、漫不經心、士氣低落、軍心渙散等「所有」導致作戰失敗的責任，都要由領袖一肩扛起。當事情進展不順時，一般人難免會用「都是那傢伙失誤，才會拖累我」、「這只是行政疏失，不是我的做法出問題」等各種理由為自己辯解，意圖將責任推卸給其他人。反觀優秀的領袖能夠把握這次機會，重新檢視自己本身的疏失。

團隊問題是領袖的責任

○糟糕的領袖

做不出重要會議的文件…

大家動作快！快趕不上會議時間了！

太強人所難了…

○優秀的領袖

來不及完成會議資料，都是我忙著其他工作，太晚做出指示才會這樣

大家先休息一下，我趁這段時間整理看如何分配工作

好的，有事請儘管吩咐

真可靠的主管

人類的大腦會（無意間）複製身旁之人的想法和情緒。團隊之所以會氣氛不佳，原因或許就出在領袖自己本身的行為上，或是設定目標太高、事前準備不足等等，找出改善方法並徹底執行，比較能帶給團隊幫助。總之，身為一位公司主管，務必要將「部下的過失是自己的責任」這句話牢記在心。

領袖的不安易傳染

孫子語錄 ——

故兵有走者，有弛者，有陷者，有崩者，有亂者，有北者。凡此六者，非天之災，將之過也。

領袖的資質

04

在信賴建立之前，只有一種態度

19世紀，德意志帝國的宰相俾斯麥提出「麵包與鞭」的政策，這和2500年前孫子的主張不謀而合。

　　有關領導者與下屬之間的相處之道，孫子提出「卒未親附而罰之，則不服，不服則難用」這樣的警告。當團隊中有新成員加入時，領袖必須先與他建立起良好的關係，在彼此間的信賴關係形成穩固之前，要盡量避免展現出高壓和嚴格的態度。雖然會花上一段時間，但仍要保持耐心、拿捏分寸，以威嚴的態度公平以對。

首先建立良好關係

另一方面，孫子對於已建立起信賴關係的下屬，則是提出「卒已親附而罰不行，則不可用」的見解。當人被親切對待便肆無忌憚，此乃人之常情；主管若對下屬太過客氣，職場就會充斥公私不分、沒有上下意識的氛圍，繼而甚至對工作造成影響。關懷和教導下屬才是主管的職責，賞罰分明、拿捏好個中分寸才是主管應秉持的基本原則，而非一味地縱容下屬。

領袖不可過度溫柔

領袖的資質
05

讓自己成為模範，
從平日建立信任感

人類彼此之間的信賴關係並非一蹴可幾，而是需要透過日常當中慢慢累積，才能建立起來。

職場上有各種不同性格的成員，領導者為了凝聚眾人力量，必須貫徹紀律。然而，如果領導者只會用高高在上的態度，強迫下屬執行命令，也只會無端引發反彈。身為一名領袖，必須以身作則，而非仗著頭銜擺出傲慢自大的態度。這些基本做法，只要站在下屬的立場思考就不難明白了。

以身作則

近年來，不只中小企業，日本大企業的高層人士也經常因金錢糾紛、逃漏稅、職場霸凌等問題而遭到逮捕，這類新聞不勝枚舉。企業家打破公平合理的規則，致使旗下員工陷入不安，這樣的行為令人無法原諒。無論公司業績多麼出色，一旦出現違法情事，所有的努力全部都會化為泡影。畢竟，要想重新獲得人們信賴，比從零開始建立信賴關係還要困難。

領袖違法不可原諒

06

老鼠逼到絕境
也會反咬一口

斥責激勵雖然是一種提振工作熱情的有效方法，但是過度的斥責，反而會讓人際關係產生裂痕。

《孫子兵法》中提到，在追擊敵軍時要避免造成自軍損失的八個項目。其中「敵人撤軍回本國時不要攔截」、「包圍敵人時務必留缺口」、「陷入絕境的敵人不可迫近」這三個部分，放在現代也能應用於一般的人際關係上。上述的「歸師勿遏」、「圍師必闕」、「窮寇勿迫」道理，用一句話簡單解釋就是「別窮追猛打」的意思。

窮寇莫追

在市場不敵Ａ公司只好黯然退出

下次我不會輸！

Ａ公司善於經營，這提議不錯

Ｂ公司

還要進軍Ｂ公司其他事業，贏得全面勝利

Ａ公司

Ｂ公司雖然在餐飲業的競爭落敗，行銷方面卻有不錯評價，讓我們攜手合作吧

窮追猛打
對退出市場的企業窮追猛打，有可能遭到反擊。

留一條活路
對退出市場的企業留下一條活路（新事業），建立友好關係。

如果敵人懷恨在心，不斷找尋最佳的反擊時機，就有可能遭受意料外的報復

舉例來說，和同事或下屬意見不合時，有時不免會傷害彼此之間的感情。然而，就算自己再怎麼有理，也不能據理力爭讓對方盡失臉面，或是不斷說出刺激對方的話，這樣的行為只會平白招致怨恨，在現代職場環境，甚至有可能會吃上職場霸凌的官司。與其為自己招惹麻煩，不如尋覓機會附和對方的意見。

窮追猛打反而落下風

可是感覺
和事業方向不同

課長，
我的方案比較合適

你的方案
結果造成
公司損失！

非常抱歉

你平時的
態度原本就不佳！
竟敢提出這種
有欠考慮的方案…

下次避免
再犯同樣錯誤，
我期待你的表現

斥責
大罵

有必要這樣嗎？
我要告上法庭…

真對不起，
我會努力！

one point
────
即便自己有理，也不代表就有理由將對方逼到退無可退。怨恨反撲的能量可是遠遠超乎你的想像。

孫子語錄
高陵勿向，背丘勿逆，佯北勿從，銳卒勿攻，餌兵勿食，
歸師勿遏，圍師必闕，窮寇勿迫，此用兵之法也。

領袖的資質

07

做好「領導」，
不干涉「管理」

孫子強調「君主不干預軍隊事務」。只要將君主換成主管、軍隊換成工作現場，可以發現這個道理在職場也相通。

　　孩子若是在父母過度干預的環境下成長，就無法培養出自主能力。反正不管做什麼父母都有意見，久而久之便會放棄抵抗，做任何事都提不起勁。過度干預最麻煩的一點是，父母其實沒有惡意，幾乎都是站在「為孩子好」的出發點上，才會做出這些舉動。雖然孫子主張「視卒如愛子，故可與之俱死」，但領導者千萬別成為過度干涉孩子生活的父母。

直升機父母化身主管

主管出面干涉過多事情細節，往往會讓下屬感到悶悶不樂。不了解事情來龍去脈的主管，提出自以為是的指令，一定會使現場人員不知所措。主管忽視中階管理人員的指揮權，直接對下面的第一線人員做出指示，這種行為並不可取。這如同告訴對方「我不信任你」，不僅讓對方面子掛不住，還會引發下屬心中憤恨，因此最好擁有信賴他人的勇氣。

現場工作就交給現場人員

領袖的資質

08

五種類型的領袖，容易招致失敗

孫子說成全軍覆沒的原因有五個，分別是「必死、必生、忿速、廉潔、愛民」。下面依序介紹其中含義。

孫子主張，將領在指揮作戰時，會出現五種危害。①必死：不和敵方進行交涉，只想發動戰爭，容易招致殺身之禍；②必生：貪生怕死之人容易遭到俘虜；③忿速：性情暴躁之人，容易落入敵人的陷阱；④廉潔：自命清高之人容易被恥辱所激；⑤愛民：溺愛士兵和百姓者，容易疲於奔命。下面試著將這些因素套用到商業領域當中。

領袖的五大危險特質

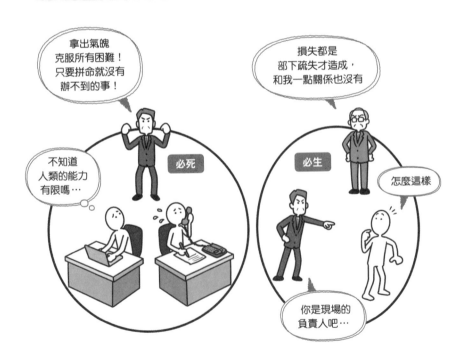

①無論任何事都要大家拿出氣魄度過難關；②只想著明哲保身；③一點小事就大發雷霆；④滿口漂亮的話；⑤對下屬過於親切。倘若情節不嚴重，那麼具備以上特質的主管，還算是頗有個人風格；但行為太超過的主管，只會被視為是「麻煩人物」。各位不妨看看自己是屬於哪種類型，身邊有沒有這樣的人？注意要從客觀的角度判斷，別因此而動怒。

孫子語錄

將有五危：必死可殺，必生可虜，忿速可侮，廉潔可辱，愛民可煩。

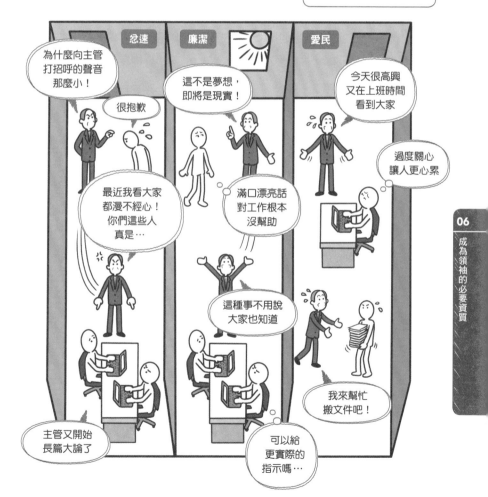

領袖的資質

09

給予尊重，
遠離應聲蟲下屬

「戰道必勝，主曰無戰，必戰可也；戰道不勝，主曰必戰，無戰可也。」孫子這句話放在現代職場，該作何解釋？

如果君主的命令有誤，不必完全遵從 —— 許多中階管理人員看見孫子這句話，大概會在內心反駁：「公司規定如此，哪可能說違抗就違抗！」然而果真如此嗎？有許多公司高層人士都不了解現場情況，當社長提出無理要求時，即便違抗命令，也要從下屬的角度來思考，從公司的整體利益採取行動，這不正是中階管理人員應盡的職責嗎？

中階管理的責任

反過來看，假設你是一家公司的社長，當自己的意見遭到否定時，或許心裡會感到很不是滋味吧？但不妨用以下的角度來思考。員工難免會擔心，忤逆主管之後會遭到何種對待；即便如此，仍有人願意甘冒風險，鼓起勇氣提出反駁意見，這些員工可說是為公司著想的珍貴人才。不聽這些人才的意見，不斷聚集阿諛奉承之輩，這樣的風氣不可不慎。

集合勇於進諫的下屬

孫子語錄
戰道必勝，主曰無戰，必戰可也；戰道不勝，主曰必戰，無戰可也。

領袖的資質
10

關心部屬，
該責備時應適時責備

我們該如何對待下屬，才能建立起信賴關係？歸根究柢，其實這和「何謂真愛」這個偉大的主題息息相關。

《孫子》中有一句令人感動的話：「視卒如嬰兒，故可與之赴深谿；視卒如愛子，故可與之俱死。」不過，這句話的意思並不是要我們寵溺部下，若是真的打從心底為了對方著想，有時也有必要對下屬進行嚴格的指導。視對方的性格和實際狀況，靈活交互運用糖果和鞭子。

為對方真心設想

孫子語錄

視卒如嬰兒，故可與之赴深谿；視卒如愛子，故可與之俱死。

雖然「溺愛」和「虐待」的行為都不可取，但「毫不關心」更是最糟糕的態度。以親子關係為例，漠不關心等同於放牛吃草。主管可能和下屬的性格合不來，但也只能接受目前的人事安排。只要放下自我堅持、不受主觀情緒影響、以愛心對待他人，一定會有部下願意追隨。不善於表達情感的人，不妨從記住對方全名這種小地方慢慢練習。

接納對方的存在

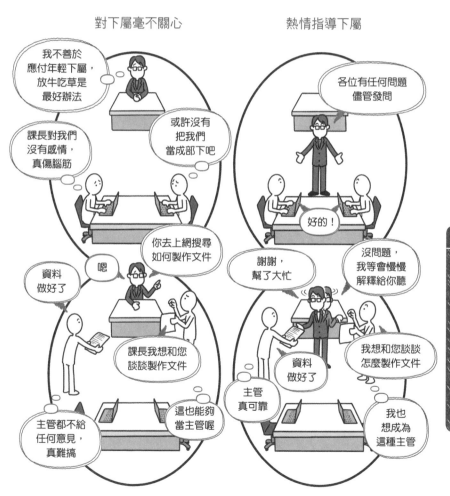

領袖的資質

11

開闊視野，
才能贏得更長遠

和費盡千辛萬苦才勉強贏得勝利相比，沒有人不希望輕輕鬆鬆就能
獲勝，而領袖的意識便能將這個夢想化為現實。

《孫子兵法》不斷提到「知彼知己，勝乃不殆」的意義。除了先一步獲得其他競爭對手的情報之外，還要冷靜判斷自家公司的實力和問題點，如此一來，獲勝的機率至少比單靠運氣一決勝負要高出許多。順帶一提，在「知彼知己」這句話之後，孫子更補上「知天知地，勝乃可全」這一句。

拓展視野，掌握趨勢

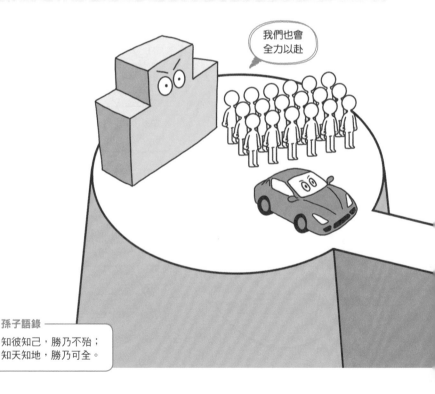

我們也會
全力以赴

孫子語錄

知彼知己，勝乃不殆；
知天知地，勝乃可全。

「地」是地形，「天」是指天候。也就是說，領導者要了解自己身處在何種立場，認清市場的趨勢以及社會環境等周遭狀況。遍覽整體，掌握全盤樣貌，便能看出業務的難易程度，從而訂立目標，採取明確的行動以期順利達標，還能避免浪費無謂的支出和勞力。如果想輕鬆贏得勝利，寬廣的視野絕對是領導者不可或缺的能力。

column

No.06

孫子究竟如何看待
團隊管理？

　　《孫子兵法》提到，為將者必須將士兵的作戰環境和條件視為一大有待克服的問題，從現代的觀點來看，也就是所有的工作成員都必須確保充分的精力和體力。

　　另外，《孫子》中也提到「兵非貴益多」（兵力並非愈多愈好）這個原則，強調作戰時應視對手情況，調派部隊、集中戰力的重要性。

　　《孫子》的作者孫武雖然告訴我們軍隊首重紀律嚴明，但也不忘強調人情味的重要性，提醒將領應溫情對待士兵。孫武深知部下不服，將領便無法充分發揮團隊實力的道理，因此主張將領平時就要以身作則，徹底遵守紀律規範，如此才會和部下之間產生信賴感。由此可見，日常人際關係有助於營造絕佳的團隊默契。

chapter 7

掌握關鍵情報，
左右戰局

最後一章介紹情報作戰。
如今人類已走入資訊社會，
但早在孫子的時代，
情報便是贏得勝利的必要條件之一。

01

小心網路怠惰，
靠雙腳收集情資

情報可說是一家企業的命脈，這個觀點放在 2500 年前，在孫子的
時代裡同是如出一轍。

　　在《孫子兵法》的「用間篇」中，針對間諜，也就是情報收集有一番描述。在孫子的時代，間諜的情報收集工作，大大左右戰爭的勝敗。比敵人早一步獲得更多的情報，勝算就會隨之提高；換言之，情報收集的重要性，可以說甚至哪怕花費大量資金和人力也在所不惜。疏於收集情報之人，孫子更以「不仁之至」這句話嚴加批判。

情報多寡影響勝敗

孫子主張：「先知者，不可取於鬼神，不可象於事，不可驗於度，必取於人，知敵之情者也。」儘管現代科技讓我們能透過網路輕鬆獲得情報，但是網路資訊未必可靠，龐大的資訊裡更有可能隱藏假新聞和謠言；而且網路資訊是對大眾公開，任何人都能瀏覽，實際上也很難取得有用的情報。想要獲得有價值的情報，除了靠自己的雙腳，平時經營各種人脈之外，別無他法。

腳踏實地取得情報

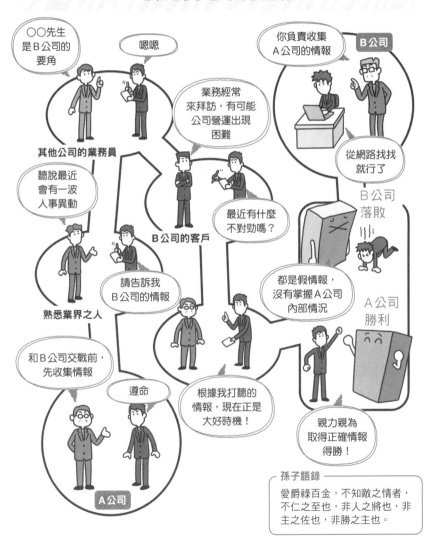

○○先生是B公司的要角

嗯嗯

業務經常來拜訪，有可能公司營運出現困難

你負責收集A公司的情報

B公司

其他公司的業務員

聽說最近會有一波人事異動

從網路找找就行了

B公司落敗

B公司的客戶

最近有什麼不對勁嗎？

熟悉業界之人

請告訴我B公司的情報

都是假情報，沒有掌握A公司內部情況

A公司勝利

和B公司交戰前，先收集情報

遵命

根據我打聽的情報，現在正是大好時機！

親力親為取得正確情報得勝！

A公司

孫子語錄
愛爵祿百金，不知敵之情者，不仁之至也，非人之將也，非主之佐也，非勝之主也。

善用五種間諜，打造情報網

所謂的「間」，是指負責收集敵人相關情報的間諜。雖然職責是收集情資，但間諜還可分為多種不同類型。

孫子將間諜分為五種類型。「生間」為潛入敵國收集情報的間諜，從現代商業的角度來看，就相當於負責打聽顧客內部意見或銷售情況的人。「死間」則是所謂的內鬼，假裝背叛自己的國家投奔敵國，伺機向敵人散布不實的情報。例如提供競爭對手假情報，令對方誤判我方打算退出市場，趁對手疏忽大意之際再發動全面攻勢。

間諜的種類

生間
持續收集顧客情報，整理出讓顧客自己上門的方法

A建設公司

盡可能向顧客提出便宜的報價！

A建設的○先生啊，告訴你也無妨

最近在公司有遇到什麼麻煩嗎？

顧客A

公司的馬桶有問題，可是沒有修理經費

顧客的馬桶似乎壞掉了

A建設公司似乎要退出市場

這樣本公司就能高枕無憂

趕緊趁對手大意時加強推銷

死間
提供對手企業不實情報，使其疏忽大意

已散布假消息了

A建設公司

真的嗎！

對手企業

老實說我們打算退出建設業界

「鄉間」（因間）為雇用敵國的尋常百姓作為我方間諜，也就是透過顧客身邊的人獲得情報。「反間」是讓敵國間諜為我所用，例如從前來刺探本公司情報的業務員口中，反過來打聽出競爭對手的情報。最後的「內間」，則是指雇用敵國官吏為間諜，在商業領域便是意味從客戶的社長親信口中取得情報。

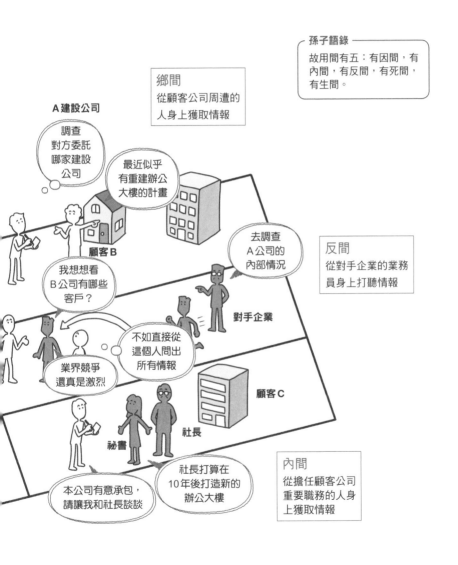

孫子語錄

故用間有五：有因間，有內間，有反間，有死間，有生間。

鄉間
從顧客公司周遭的人身上獲取情報

A建設公司

調查對方委託哪家建設公司

最近似乎有重建辦公大樓的計畫

顧客B

去調查A公司的內部情況

反間
從對手企業的業務員身上打聽情報

我想想看B公司有哪些客戶？

對手企業

不如直接從這個人問出所有情報

業界競爭還真是激烈

顧客C

社長

祕書

本公司有意承包，請讓我和社長談談

社長打算在10年後打造新的辦公大樓

內間
從擔任顧客公司重要職務的人身上獲取情報

07 掌握關鍵情報，左右戰局

情報
03

埋頭苦幹，
不如活用優秀人才

孫子主張，國家的維繫，不能單憑明君或賢將獨自一人努力。這個
觀點放在商業領域能帶給我們什麼啟發呢？

　　在孫子的時代，伊摯（伊尹）和呂牙（姜子牙）都是受到重用的間諜，兩人
後來都得到國君認可，成為史籍中著名的宰相。孫子透過這兩個人的經歷，告
訴我們要選擇優秀的人才充當間諜。為了打贏戰爭，必須熟知敵人的弱點和內
部情況，再根據局勢和天候等因素，預測敵人動向。擁有以上的正確資訊，便
能發動攻勢，贏得勝利。

讓優秀人才收集情報

即便是被譽為天才的聰穎之人，也無法掌握世界上所有的大小事；更何況現代人隨時都能透過網路，挖掘出源源不絕的新資訊。因此，不論領袖多麼努力、多麼擅長收集資訊，也不可能單靠一己之力就完成所有的工作。優秀的領導者不僅要對自身能力的局限有所認知，還要懂得延攬優秀的部下，充分發揮眾人之力。

優秀領袖的條件

情報 04

建立保密機制，
首重一線員工意識

持有各種經營情報的企業，一旦情報外流，就會遭受致命打擊。洩露情報在孫子的時代可說是一件大事。

孫子曰：「間事未發而先聞者，間與所告者兼死。」這句話是說情報外流，須嚴厲懲處間諜與告密者。洩露情報在現代社會雖然罪不致死，但依然是無法為大眾接受的嚴重過失；然而，企業不慎導致客戶個資外流的資安問題卻屢見不鮮。現在雖然和孫子的時代大不相同，資訊得到電腦技術層層保護，但相對地，提高員工的危機意識依然是非常重要的一環。

常保安全意識

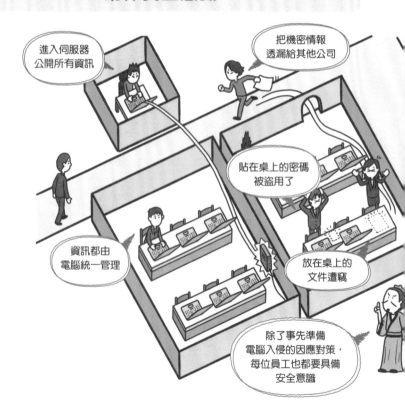

據說，業界出現企業內部情報外流事件，實務上原因多半是內部相關人員的管理不當或操作失誤所造成。例如在居酒屋喝得酩酊大醉，不小心透漏公司的重要情報，一旦被店內的有心人聽到消息，情報就會因此外洩出去。在孫子的時代，洩漏情報者甚至會被處以斬首示眾。無論在戰爭還是企業競爭當中，情報都非常重要，每位員工都應該充分保有安全意識。

孫子語錄
間事未發而先聞者，間與所告者兼死。

對方似乎在販售這樣的產品

我們也立即著手開發

成交金額似乎不錯

新產品大概是這個樣子

說到明年的戰略…

聽見有用的情報了！

情報
05

憑三寸不爛之舌，
不如直搗核心人物

找出對方的關鍵人物，有助於推動戰爭或工作順利進展。

在戰爭或商業競爭當中，能用最有效率的手段贏得勝利非常重要，而鎖定對方的關鍵人物，正是最能切合效率的一種手段。所謂的關鍵人物，是指在工作現場擁有決定權的人物。假設我們到某家企業推銷，若負責人手中沒有決定權限，可想而知自然無法當場成交；但如果負責人是關鍵人物的話，就有可能順利完成簽約。

找出關鍵人物，有效取勝

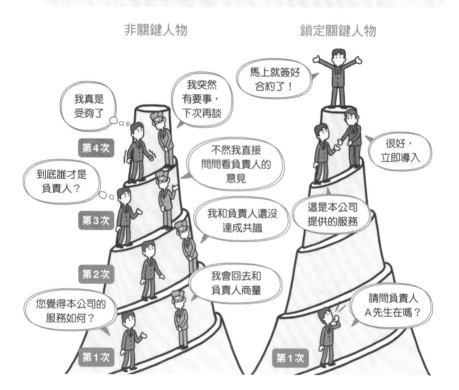

想當然，關鍵人物也不會輕易露面，我們必須多方調查才能得知，就連孫子也說過：「凡軍之所欲擊，城之所欲攻，人之所欲殺，必先知其守將、左右、謁者、門者、舍人之姓名，令吾間必索知之。」前去拜訪客戶時，直接詢問負責人的名字是最有效的辦法，例如：「除了Ａ先生，禮貌上我還需要向誰需要打聲招呼呢？」鎖定眼前負責人以外的關鍵人物，為下次業務做好準備。

收集情報，找出關鍵人物

職務高的人未必就是關鍵人物，因此需要多方調查

最近有一波人事異動

事業部的Ｆ先生

Ａ先生或Ｂ先生握有決定權

櫃檯也可以收集情報

我還需要向誰打聲招呼呢？

也向Ａ公司的客戶打聽消息

下次拜訪時打聽一下Ａ公司的關鍵人物是誰

誰才是關鍵人物？

在網路上調查客戶資料

孫子語錄
凡軍之所欲擊，城之所欲攻，人之所欲殺，必先知其守將、左右、謁者、門者、舍人之姓名，令吾間必索知之。

one point
拜訪客戶時，先想好該如何打聽，才能讓對方告訴我們關鍵人物的真實身分。比方說「我需要向哪位提供本公司服務的詳細資料？還請Ａ先生告知一下」。

情報 **06**

攻敵不備，
有效打擊的特殊戰法

孫子對於戰術中破壞力極大的「火攻」和「水攻」有一番見解，站在商業的角度來看，可以從各種不同角度來解釋這兩種戰法。

以一句話來解釋火攻，那就是「星星之火，可以燎原」。從商業的角度來看，這種作戰方式不必耗費大量的人力和資金，就能產生不錯的效果。然而毫無目的恣意縱火，失敗的話反而會讓自軍反遭火噬，因此必須絞盡腦汁，充分活用火攻戰術。另一方面，水攻則是利用河水淹沒敵軍的戰術，反而需要大量人力才能施展，較適合大型企業採納，這點和適合中小企業的火攻不同。

成本高的水攻，成本低廉的火攻

進一步說，「水攻」和「火攻」分別代表什麼樣的商業戰略呢？水攻需要花費大量人力和資金，相當於尋求各種媒體曝光，大肆宣傳自家產品或服務的廣告戰略；火攻則是鎖定客層或區域，比較偏向密集行銷。例如鎖定手中握有充裕資金的中高齡顧客，主要提供品項齊全的高級珠寶，就是服飾店用來提高收益的行銷策略，可以說是「火攻」戰略的具體實踐。

商業策略的火攻和水攻

孫子語錄
以火佐攻者明，以水佐攻者強。

情報

07

瞄準最終目標，
不打沒有利益的戰爭

孫子曰：「非利不動，非得不用，非危不戰。」也就是要避免無謂的
戰爭。這句話真正的含義是什麼意思呢？

　　假設有一家餐廳，為了招攬顧客，決定採取「廣發傳單」的作戰策略，所有
員工都必須利用業餘時間幫忙發送傳單，直到營業時間開始為止。員工為了盡
早消化手中的傳單，自然會不分對象隨機發放，就連不是新顧客或是目標客群
的路人也會拿到傳單。這麼一來，餐廳在行銷策略上雖然花了大筆資金印刷傳
單，招攬顧客的效果卻很有限。

效果有限的廣發傳單作戰

發送傳單原本的目的，是為了招攬新顧客和提升業績，但如果只將精力集中在發送傳單這件事情上，反而會影響服務品質，無法有效達到讓初次上門的顧客變成回頭客的目標。發送傳單終究只是提升業績的一種手段，一旦迷失最終目標，只將精力投注在眼前的手段，終究只是白白浪費資金和勞力。

目標優先，而非手段

我是第一次光顧

店內座無虛席

這張傳單上的餐廳很受歡迎

非常感謝您

提供特別菜色給帶傳單消費的顧客

之前就注意這家餐廳了

第一次來

牢牢抓住新顧客的心

精力不應放在發送傳單的手段上，而是以提升業績為主要目標

孫子語錄
非利不動，非得不用，非危不戰。

情報

08

不可讓心中的魔鬼
誘惑自己行動

在孫子的時代，任憑一時意氣發動戰爭，可是極其危險的行為。下面讓我們試著從商業的角度來探討。

　　我想大家應該都有過「衝動購物」的經驗吧？看到感興趣的商品，沒有細想就直接下單付款，事後收到商品才感到悔不當初。不只購物，在許多領域也有因一時衝動而懊惱的例子。以購買股票為例，必須事先做好長期規劃，即便是績優股，股價也可能隨著市場趨勢而下跌；倘若沒有做好規劃，只憑藉「手頭資金充裕」而購買股票，待資金見底時再後悔就為時已晚了。

克制衝動

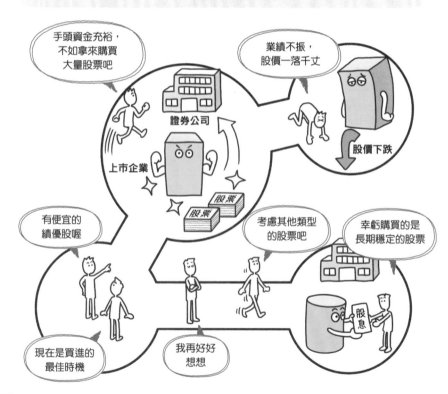

當然，就買股票的例子而言，快速決策也很重要。在其他商業活動上，也時常面臨需要以氣勢一決勝負的情況，不過孫子告訴我們，不能憑當下的情感來判斷局勢，否則便容易採取錯誤的行動。我們必須克制一時的感情，分辨其中是否對我方有利、投入競爭是否有足以取勝的勝算，隨時隨地從客觀的角度來評估自身的實力與條件。

以冷靜的心判斷

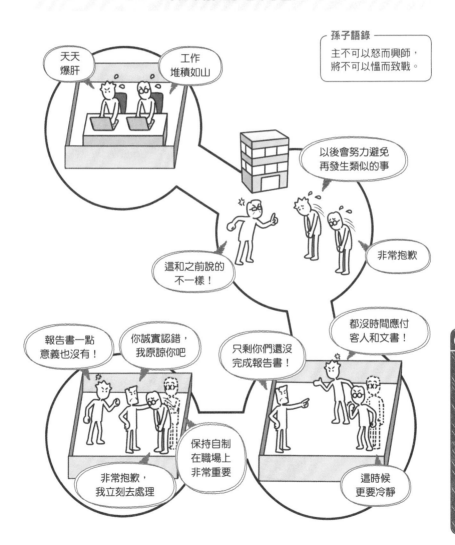

孫子語錄 ———
主不可以怒而興師，
將不可以慍而致戰。

情報
09

只要堅信自己沒有輸，
就不輸給任何人

我們在前面的章節已經學會《孫子兵法》中有關「不落敗」的作戰技巧，但如果不幸戰敗時，我們該如何是好？

　　戰爭是一種會牽連破壞許多事物的活動，而失去的東西再也無法回來；反過來看，只要沒有遭到破壞、沒有失去東西，我們就還有東山再起的機會。假設你在自己很有自信的業務上犯了大錯，不小心得罪重要客戶，使得主管因此動怒大罵，自尊心必然遭受嚴重的打擊。然而，只要你始終能夠重新振作起來，便永遠不會在「人生」這場戰鬥中落敗。

不服輸的作戰

孫子曰：「亡國不可以復存，死者不可以復生。」這句話正是提點我們，即便落於戰敗的處境，我們也必須做好因應對策，以防失去一切；只要心中尚存復仇的意志，就仍有一絲勝算。商場就是持續不斷的戰爭，有時雖然會感到疲憊不堪、痛苦到難以堅持，但只要常存「不服輸」的精神，就能在社會競爭中生存下去。

孫子想要傳達的是……

　　《孫子兵法》裡面提到：「百戰百勝，非善之善者也；不戰而屈人之兵，善之善者也。」這句話儘管耳熟能詳，但真正的意思其實是：身為一名將領，即便百戰百勝，也算不上是善於作戰的將領；不交戰就能降服全體敵人，才是最高明的作戰之道。

　　《孫子》雖然是因應戰爭而生的兵法書，但書中卻也將「不戰」視為一種戰略。一提到兵書，或許有人會認為沒有任何事比「作戰」、「勝利」還來得重要，然而讀過《孫子》的人就能明白，作者孫武是將「生存」視為第一優先。這正是因為孫武身處亂世，也深入研究過去的歷史，深知只要沒有遭受覆滅性的失敗得以倖存，即便這次沒有獲勝，總有一天一定還有復仇的機會。

🔖 主要参考文献

仕事で大切なことは孫子の兵法がぜんぶ教えてくれる
長尾一洋　著（KADOKAWA）

最高の戦略教科書　孫子
守屋 淳　著（日本経済新聞出版社）

超訳　孫子の兵法「最後に勝つ人」の絶対ルール
田口佳史　著（三笠書房）

超訳　孫子の兵法
許成準　著（彩図社）

[図解] 今すぐ使える！　孫子の兵法
鈴木博毅　著（プレジデント社）

強くしなやかなこころを育てる！　こども孫子の兵法
齋藤 孝　監修（日本図書センター）

🔖 STAFF

内文插畫	すがのやすのり
封面插畫	ぷーたく（Q.design）
内文設計・封面設計	別府 拓（Q.design）

監修 長尾一洋

NI顧問公司代表董事。1965年出生於廣島市，橫濱市立大學商學系畢業後，進入管理顧問公司，而後於1991年成立NI顧問公司。在取得中小企業診斷士的執照後，致力將管理顧問的專業知識系統化，積極向許多企業推廣。1998年開始販售自家研發的企業諮詢套裝軟體「顧客創造日報」，這套軟體後來進化為「可視化經營系統（VMS）」，超過5000家企業導入。此外，他也以「孫子兵法家」的身分，致力將中國古代兵書《孫子》活用於現代企業的經營。針對日本現今人口減少、市場規模縮小、數位衝擊等種種嚴苛環境提供協助，支援經營創新。主要著作有《打掃歐巴桑教你用孫子兵法贏商戰》（三悅文化）、《業務大贏家：讓業績1+1>2的團隊戰法》、《超級業務員特訓班》（皆經濟新潮社出版）等書。

長尾一洋官方網站：http://www.kazuhiro-nagao.com

ビジネスに使える！ 孫子の兵法見るだけノート
(BUSINESS NI TSUKAARU! SONSHI NO HEIHOU MIRU DAKE NOTE)
by Kazuhiro Nagao
Copyright © 2019 by Kazuhiro Nagao
Original Japanese edition published by Takarajimasha, Inc.
Chinese (in traditional character only) translation rights arranged with
Takarajimasha, Inc. through CREEK & RIVER Co.,Ltd., Japan
Chinese (in traditional character only) translation rights
© 2020 by Maple Book

出　　　版／楓樹林出版事業有限公司
地　　　址／新北市板橋區信義路163巷3號10樓
郵 政 劃 撥／19907596　楓書坊文化出版社
網　　　址／www.maplebook.com.tw
電　　　話／02-2957-6096
傳　　　真／02-2957-6435
監　　　修／長尾一洋
翻　　　譯／趙鴻龍
責 任 編 輯／江婉瑄
內 文 排 版／楊亞容
港 澳 經 銷／泛華發行代理有限公司
定　　　價／380元
出 版 日 期／2020年3月

國家圖書館出版品預行編目資料

孫子兵法看看就好筆記 / 長尾一洋監修；
趙鴻龍翻譯. -- 初版. -- 新北市：楓樹林
, 2020.03　面；　公分
ISBN 978-957-9501-61-3（平裝）

1. 孫子兵法 2. 研究考訂 3. 謀略

592.092　　　　　　　　　108023152